U0361511

逻辑时空丛书

LOGIC

刘培育 主编

倡 导 理 性　　恪 守 逻 辑　　正 确 思 维

中华先哲的思维艺术

孙中原 ⊙著

北京大学出版社
PEKING UNIVERSITY PRESS

图书在版编目(CIP)数据

中华先哲的思维艺术/孙中原著.—北京:北京大学出版社,2006.12
(逻辑时空丛书)
ISBN 978 - 7 - 301 - 11396 - 7

Ⅰ.中…　Ⅱ.孙…　Ⅲ.思维方法－研究－中国　Ⅳ.B804

中国版本图书馆 CIP 数据核字(2006)第 154496 号

书　　　名:中华先哲的思维艺术
著作责任者:孙中原　著
责 任 编 辑:闵艳芸
版 式 设 计:王炜烨
标 准 书 号:ISBN 978 - 7 - 301 - 11396 - 7/B · 0394
出 版 发 行:北京大学出版社
地　　　址:北京市海淀区成府路 205 号　100871
网　　　址:http://www.pup.cn　电子邮箱:minyanyun@pup.pku.edu.cn
电　　　话:邮购部 62752015　发行部 62750672　编辑部 62752824
　　　　　　出版部 62754962
印 刷 者:涿州市星河印刷有限公司
经 销 者:新华书店
　　　　　　730 毫米×980 毫米　16 开本　12.5 印张　194 千字
　　　　　　2006 年 12 月第 1 版　2007 年 8 月第 2 次印刷
定　　　价:24.00 元

总序

发挥逻辑的社会功能
推动全社会健康有效的思维

（一）

2003 年 4—5 月间,首都 10 多家主流媒体纷纷在显著位置、以醒目标题报道了 10 位著名逻辑学家和语言学家发出的强烈呼吁:社会生活中逻辑混乱和语言失范现象令人担忧。

《人民日报》(记者苏显龙)在要闻版报道说,专家们从不同角度探讨了当前社会生活中存在的不重视逻辑、不能正确使用祖国语言的现象,并就如何提高人们的逻辑水平和语言表达能力,提出了富有建设性的意见。

《人民日报》(海外版)(记者刘国昌)教科文卫版头条的大字标题是:《逻辑混乱、语言失范现象亟待改变》。文章说,专家们对社会生活方方面面存在的逻辑混乱、语言失范现象表示担忧,强烈呼吁进一步净化逻辑语言环境,提高人们的思维和表达水平。

《光明日报》(记者李瑞英)在理论版显著位置指出,逻辑是人类长期思维经验的总结,是正确思维与成功交际的理论与工具,它以特有的性质和功能服务于社会,对提高人的基本素质、培育人的理性和科学精神都有重要作用。专家呼吁人们要学习逻辑知识,自觉培养逻辑思维习惯,学会逻辑分析方法。

《中国教育报》(记者潘国霖)以《呼唤全社会关注逻辑、语言》的大字标题,用 2/3 版面刊登了专家们发言详细摘要。编者特别在按语里提示说,专家们重申逻辑与语言的社会功能和作用,从政治、经济、文化等不同角度阐述了学习、推广逻辑科学的现实意义,对于我们做好教育教学工作具有一定的帮助。

《法制日报》(通讯员梅淑娥)以《逻辑性是立法与司法公正性的内在要求》为题强调指出,我国在立法和司法领域里发生问题的重要原因之一,是我们的某些立法司法人员没有逻辑意识,缺乏逻辑素养和逻辑思维能力。

《工人日报》(记者王金海)在"新闻观察"栏目里刊出通栏标题:《让逻辑学从"象牙塔"中走出来》。文章提要说:"我们今天正面临着某种程度的逻辑混乱、语言失范的危险,而大多数人对此还根本没有意识到。"文章说,逻辑学不是少数专家们研究的学问,它同每个人的生活和切身利益息息相关,要大力提倡逻辑学的大众化。

《北京日报》(记者戚海燕)在头版用大字标题《逻辑缺失现象令人担忧》报道了专家的意见,强调"普及逻辑知识,规范思维与语言是当务之急"。

……

专家们的呼吁是在中国逻辑与语言函授大学建校 21 周年之际所举办的"逻辑语言与社会生活"座谈会上发出的。我本人参加了这个座谈会,并在会上作了主题发言。从专家们的强烈呼吁和媒体的强劲报道中,我们可以感悟到:

——逻辑学作为正确思维和成功交际的理论,它是一门基础科学和工具性科学。逻辑思维与人类为伴,渗透在社会生活的方方面面,无处不在,无时不在。然而当今我国社会生活中,逻辑混乱和语言失范现象具有一定程度的严重性。不论是法律条文、经济合同、决策论证、广告说明,还是官员讲话、教师授课、传媒报道,几乎时时处处都能看到概念不明确、推理不正确、论证不科学、语言不规范的现象。这些逻辑语言方面的问题妨碍着人们的正常生活,有时甚至造成极为严重的后果。

——令人高兴的是,一批有责任感的学者已经关注和重视到社会生活中的逻辑混乱和语言失范的问题,他们发出了呼吁,进而提出了解决的办法。同样令人高兴的是,一批敏感的新闻工作者已经关注和重视到专家们的意见,及时反映了他们的心声。我再补充一点,在座谈会上,有关方面的领导同志也都发表了很好的意见,与专家们有高度的共识。我觉得,如果大家共同行动起来,一块来推动逻辑的普及工作,充分发挥逻辑的社会功能,在不久的将来,社会生活中逻辑混乱、语言失范的现象就会有所改观。

(二)

我们编撰《逻辑时空》丛书可以说是落实专家呼吁的一个具体行动。我们的出发点就是向社会普及逻辑知识,发挥逻辑的社会功能,推动全社会健康有效的思维,培育人们的理性品格和科学精神,服务于国家的经济建设和社会的和谐发展。

15年前,我有机会阅读吕叔湘先生翻译的英国逻辑学家 L. S. 斯泰宾著《有效思维》的手稿。该书是针对20世纪30年代英国社会不讲逻辑、甚至反对讲逻辑的情况而写的。但作者没有把它写成讲授逻辑学的教科书,而是从更广阔的视野即有效思维的层面上,指明人们进行思维时所经常遇到的

LOGIC

来自内心的和外界的种种障碍和干扰;并且强调指出,不排除这些障碍和干扰,人们就不可能进行有效的思维,就会妨碍人们做出正确的行动。该书立论紧密联系当时社会生活及人们日常思维的典型实例,分析中肯,好读好用。我觉得,该书虽然是作者在半个多世纪前针对英国社会写的,但今天的中国也很需要这本书。我还提出:"中国的学者应该结合当今中国的实际写一本类似《有效思维》的书,它对中国人进行有效的思维肯定会有帮助的。"《逻辑时空》丛书的出版,也是我15年前上述想法的一个延伸。

《逻辑时空》丛书的基本定位是大众读物和教学参考书。

《逻辑时空》丛书的主要内容是探索和阐释人们社会生活各个领域里的逻辑问题。具体写法是:针对社会生活某个特定领域里的思维实际,突出该领域里最常见的逻辑问题,结合具体的典型的案例进行阐释,介绍相关的逻辑知识。介绍逻辑知识时不求逻辑体系完备,力求突出重点,也就是说在某特定的领域里,有什么突出的逻辑问题,我们就重点写什么。在说明逻辑知识时,为方便读者理解,必要时适当介绍相关的预备知识。

《逻辑时空》丛书也精选了近20年来在国内产生较大影响的几部逻辑普及读物。这几部读物都请作者做了新的修订。

《逻辑时空》丛书包括13本书。它们是:

1.《逻辑的社会功能》,作者张建军,南京大学哲学系副主任,教授,博士生导师,中国逻辑学会副会长。

2.《逻辑的训诫》,作者王洪,中国政法大学逻辑研究所所长,教授。

3.《经济与逻辑的对话》,作者傅殿英,首都经济贸易大学教授。

4.《校园逻辑》,作者韦世林,云南师范大学教授。

5.《博弈思维》,作者潘天群,南京大学哲学系教授,博士生导师。

6.《咬文嚼字的逻辑》,作者李衍华,中华女子学院逻辑教研室主任,教授,中国逻辑与语言函授大学教授。

7.《演讲、论辩与逻辑》,作者谭大容,重庆市社会科学联合会年鉴编辑室主任,副教授。

8.《古诗词中的逻辑》,作者彭漪涟,华东师范大学哲学系教授,原中国逻辑学会副会长。

9.《逻辑思维训练》,作者陈伟,复旦大学哲学系逻辑学讲师。

10.《逻辑与智慧新编》,作者郑伟宏,复旦大学古籍研究所研究员。

11.《趣味逻辑》,作者彭漪涟,华东师范大学哲学系教授,原中国逻辑学会副会长;余式厚,浙江大学城市学院传媒分院教授,兼任浙江省逻辑学会副会长等。

12.《笑话、幽默与逻辑》,作者谭大容,重庆市社会科学联合会年鉴编辑室主任,副教授。

13.《中华先哲的思维艺术》,作者孙中原,中国人民大学哲学系教授,中国逻辑学会副会长。

(三)

《逻辑时空》丛书很快就要和广大读者见面了。此时此刻,我由衷地感谢丛书策划杨书澜女士。书澜女士是北京大学出版社资深的编辑和策划专家,有丰富的出版经验;她又在高校教过多年逻辑学,对逻辑的功能和作用有深刻的理解。2003 年 9 月 30 日,当我在电话中同书澜女士谈到社会生活中的逻辑混乱,以及人们渴望学习逻辑知识时,她说和我有同感。20 天后,我们就形成了编撰《逻辑时空》丛书的设想。她作为策划,提出了选题基本构想和写作基本要求,还帮助我物色了几位作者,并和作者保持着经常的联系。我毫不夸张地说,如果没有书澜女士的高度社会责任感和远见卓识,《逻辑时空》丛书就不可能如此顺利问世。

　　我由衷地感谢丛书的各位作者。他(她)们都是我国逻辑学界有成就有影响力的学者,都有很重的教学和科研任务。但他(她)们愿意为《逻辑时空》丛书撰稿,并且按计划完成了写作。我敢说,所有作者都是尽了力的。

　　丛书中有几本是新修订的再版著作。原版权享有者同意将它们收入本丛书出版,我向他们致以谢忱。

　　我希望读者能够喜欢《逻辑时空》丛书,企盼《逻辑时空》丛书在向全社会普及逻辑知识方面能发挥一点作用。我要说明的是,《逻辑时空》丛书的写作思路对于我还是一种尝试。这种尝试是否成功,要请读者去评判。我真诚地请求读者朋友能把你读《逻辑时空》丛书的感受、意见和建议告诉我们[*]。我在这里向你致敬了。

中国社会科学院研究员

中国逻辑与语言函授大学董事长

北京创新研究所名誉所长

刘培育

2005 年 3 月

* 读者反馈意见请寄发:

① 北京市北三环西路 43 号中国逻辑与语言函授大学(邮编:100086)
　E-mail:liupy188@sina.com　刘培育收

② 北京海淀区成府路 205 号北京大学出版社(邮编:100871)
　E-mail:YangShuLan@yeah.net　杨书澜收

前　言

　　《孟子·告子上》说:"心之官则思。"心智器官的功能在思维。明刘宗周《刘子遗书》卷三说:"心之官则思,一息不思则官失其职。""人心无思","如官犯赃,乃溺职也"。心智器官的职任是思考,"不思"或"无思"是心智器官的失职和渎职。清陆世仪《思辨录辑要》卷三说:"古来圣贤,未有不重思者。"中国古代百家争鸣和朴素科学认识,产生独特的思维表达艺术。《墨经》和《荀子·正名》,从中华先哲的思维技艺,升华逻辑思想。中国、印度和西方,是世界逻辑的三大发源地。在全球化的新时代,古今中外逻辑融会贯通,是势之必至,理所固然。本书揭示中华先哲思维艺术与逻辑的联系,把中华先哲思维艺术的典型案例,同现代逻辑方法融为一体。

　　本书荟萃中华先哲思维艺术,围绕逻辑核心内容,以思维规律、概念、命题、论证和思维方法为主轴,分析典型案例,阐发逻辑知识,由典型案例升华逻辑观点,以逻辑观点统帅案例资料。宋文天祥《正气歌》说:"哲人日益远,典型在夙昔。"宋司马光《传家集》卷八说:"幸有文章见典型。"明归有光《跋仲尼七十子像》说:"年代久远,而典型具存。"中华先哲思维艺术的典型案例,是具存于中国典籍的模范事例。本书选取典型案例,有故事、成语、典故、寓言和文章等类型。故事有连贯性,是富有吸引力、感染力的事情,如"自相矛盾"。成语是长期习用,简洁精辟的定型词句,如"模棱两可"。典故是经典引用的词句,如"摸床棱宰相"。寓言是用比喻故事说明道理,如"望洋兴叹"。文章是表达论证、命题和概念的原文,如"义不杀少而杀众,不可谓知类"。

本书对典型案例的加工,务求通俗性、科学性和真实性的统一。为增强通俗性,正文援引古籍,多径用现代汉语解释。为确保科学性、准确性和真实性,便于查考,援引古籍多标明篇卷。少量古文作为论述根据,纳入注释供选阅。

本书列举典型案例,是分析思维艺术,阐发逻辑知识的依据,多冠为节名。思维艺术和逻辑知识(思维规律、概念、命题、推论和思维方法),是典型案例的升华,多冠为章名。思维艺术典型案例是材料、经、目和横剖面,逻辑知识是观点、纬、纲和纵剖面。采用以观点统帅材料,从思维艺术典型案例引申逻辑知识,经纬交织,纲举目张,纵横交错的论述法。

《诗·小雅·鹤鸣》曰:"他山之石,可以攻玉。"原产西方的现代逻辑,是当今时代人类共同的思维工具,是开启中华先哲思维艺术奥秘的钥匙。杜甫《望岳》诗:"会当凌绝顶,一览众山小。"屹立现代逻辑巅峰,用超越宏观眼光鸟瞰,方可一览中华先哲思维艺术的全貌。

孙中原

2006 年 10 月 20 日

中国人民大学哲学院

目录

1

LOGIC

第一章 思维规律

第一节 黄公美女:同一律

一、以美为丑的故事

齐国黄先生,有过分谦卑的癖好。他两位女儿都生有倾国之貌,黄先生却故意用谦词诋毁,说女儿"丑恶"。黄先生女儿"丑恶"的名声远扬,耽误女儿青春,待她们到大龄,遍齐国都无人敢娶。

卫国有位鳏夫,不在意妻子"丑恶",冒然娶黄先生的大女儿,竟是倾国之貌,于是告诉别人:"黄先生有过分谦卑的癖好,故意用谦词诋毁,说女儿丑恶。二女儿一定美。"有人争着娶黄先生的二女儿,果然是倾国之貌。[①]

齐国黄公以美为丑的故事,出自名家著作《尹文子》。名家在先秦称为辩者,即以辩论为职业的学派。尹文子是战国中期名家最著名的代表。司马迁说名家的专长,是"正名实",即调整名实关系,使名副其实,概念反映实际。名家着重研究语言意义和运用的逻辑问题,相当于现代逻辑指号学

---

① 《尹文子·大道上》:齐有黄公者,好谦卑。有二女,皆国色。以其美也,常谦辞毁之,以为丑恶。丑恶之名远布,年过而一国无聘者。卫有鳏夫,时冒娶之,果国色。然后曰:"黄公好谦,故毁其子,妹必美。"于是争礼之,亦国色也。国色,实也;丑恶,名也:此违名而得实矣。

中语义学和语用学领域的课题。

《尹文子》记载黄公以美为丑的故事,意在说明概念的理解和运用,要遵守同一律。美丑是不同概念。在长期社会生活中,人们早已对美丑概念有约定俗成的确定理解。黄先生两位女儿,是倾国之貌,应以"美"的概念反映概括。有过谦癖的黄先生,却故意用"丑恶"的概念反映概括,违反同一律,混淆美丑的不同概念。

尹文子评论这一故事说:"国色"是黄先生两位女儿的真实性质,"丑恶"是黄先生强加给两位女儿的虚假名称。卫国鳏夫不在意"丑恶"的虚假名称,出乎意料得到"国色"的真实对象。黄先生两位女儿出嫁后,"美"的事实真相为人所知,"美"的真实名声得以恢复,"丑"的虚假名声得以纠正。

二、"谓而固是"的理论升华

《经下》第104条说:"谓而固是也,说在因。"《经说下》解释说:"有之实也,而后谓之。无之实也,则无谓也。不若假。举'美'谓是,则是固'美'也,谓也。则是'非美',无谓,则假也。"

即称谓要保持其固定所指,论证的理由在于,称谓以对象为转移。有这样对象,才这样称谓。没有这样对象,就不这样称谓。这不像说假话。举"美"的概念,称谓这种状况,是因为这种状况本来"美",这叫正确称谓。这种状况本来"不美",就不能用"美"的概念称谓。如果这样称谓,就是假的。

《墨经》这一条,以"美"和"非美"的概念为例,与齐国黄公以美为丑的故事,用词相近,意义相通。这一条的实质是《尹文子》黄公以美为丑故事的理论升华。循此脉络,可以窥见中国逻辑产生发展的机理:从思维表达技艺,升华逻辑知识。

《墨经》这一条,虽然跟齐国黄公以美为丑的故事巧合,都是以"美"的概念为例,但是《墨经》这一条已把具体形象的故事情节,升华提炼为"谓而固是"的抽象一般规律。《广雅》解释"谓"是"说、告、言"。"固"是"固定、专一"。"是"是"这个"。"是",是用古汉语指示代词,充当变项,指代任一对象,就像现代逻辑中说任一个体变项a,可以代入任一个别事物,如牛、马。"谓而固是",即用概念反映和概括个别事物,要保持其固定内涵与所指,沿用其本来意义,以保证概念的确定性,遵守同一律。

《经下》的表达格式,本来就是列举各门科学的定律,然后加以解释论证。"谓而固是",是同一律在语言理解和运用中的表现,是齐国黄公"以美为丑"之类故事的升华、概括和提高,是语言逻辑的科学抽象。

齐国黄公以美为丑的故事,隐含着要求思维表达遵守同一律的意义,但这种意义通过具体形象的故事情节表现出来。相对于《墨经》理论逻辑而言,尹文子讲解齐国黄公以美为丑的故事,是名家的应用逻辑、对象逻辑。

《经下》"谓而固是"一条,尽管附带有"美"的具体事例,但"谓而固是也,说在因"的条文和论证,《经说下》"有之实也,而后谓之。无之实也,则无谓也"的解释,是一般性的理论说明,已经从"美丑"的具体例证中,抽象概括出一般规律,是同一律在语言交际领域的运用。

现代逻辑指号学分为3个部门:第一,语义学,研究语言指号与对象的关系,是语言意义的理论;第二,语用学,研究语言指号与运用者的关系,是语言运用的理论;第三,语法学,研究语言指号的关系,是语言结构的理论。中国古代逻辑,语义学和语用学部门的知识比较丰富,语法学部门的知识不够系统。

由于百家争鸣辩论的需要,各学派都热衷于讨论名实关系。名墨两家,尤以论述名实关系和语言运用中的逻辑问题为专长。名家学者尹文子讲解齐国黄公"以美为丑"的故事,墨家"谓而固是"的理论概括,都是以名实关系为主轴,着重在语言理解和运用的语义学、语用学角度,表达同一律的意涵。

三、以鼠为璞的故事

名家著作《尹文子》载,郑国(今郑州市)人把未经雕琢整理的玉石叫做"璞",周国(今洛阳市)人把未经风干腊制的新鲜鼠肉叫做"璞"。在市场上,周国人对郑国商人说:"您想买璞吗?"郑国商人以为对方经营玉璞,脱口而出:"我想买!"周国人把他的"璞"拿出来递给郑国商人,说:"给你璞!"郑国商人一看,对方的"璞"是新鲜老鼠肉,不是他想经营的玉璞,进退两难。如果买他的"璞",自己并不想经营老鼠肉;如果不买他的"璞",自己单方面违背协议。无奈只好向周国人道歉:"对不起,我只想买玉石的璞,不想买老鼠肉的璞。"①

《战国策·秦策三》说,郑国商人之所以陷于误会,是由于"眩于名不知其实",即只受名称字面的迷惑,而不知道名称所指的实际。周郑两国相距百里,却方言有别:郑国人指"璞"为玉,周国人指"璞"为鼠。语言歧义,一词多义,是司空见惯的现象。语言交际应弄清对方言词的所指,明确概念,避免混淆和偷换。有效沟通是促进成功交际的根本。

后来"鼠璞"变为惯用成语。宋戴埴以"鼠璞"成语为书名。《四库全书简明目录》卷十三说:"《鼠璞》一卷,宋戴埴撰。《文献通考》列之小说家。然其辨正经传,考订名物、训诂,颇有可采,实非小说家言。曰《鼠璞》者,取《战国策》以鼠为璞之意也。"《四库全书总目》卷一百一十八说,"《鼠璞》二卷","考证经史疑义及名物典故之异同,持论多为精审","确实有据,足裨后学"。书名《鼠璞》,取古籍周郑人同名异物,同名异义的故事。"鼠璞"成语的来源和应用,包含深意,发人深省。

四、"通意后对"的交际原则

针对"以鼠为璞"之类的误会,为解决语言交际中语词运用和概念混淆的问题,墨家提出"通意后对"的原则。

《经下》第 142 条说:"通意后对,说在不知其孰谓也。"《经说下》解释说:"问者曰:'子知羁乎?'应之曰:'羁何谓也?'彼曰:'羁旅。'则知之。若不问'羁何谓',径应以弗知,则过。且应必应问之时而应焉,应有深浅、大小,当在其人焉。"

即在对话辩论中,应先弄通对方意思,再回答。论证的理由在于,如果不先弄通对方意思,就不知道对方说的究竟是什么。同一个"羁"字,既可指旅客,也可指马笼头。问方说:"你知道羁吗?"答方说:"你说的'羁'是什么意思?"如果不先"通意",匆忙回答说:"不知道。"这是不合适的。对方解释他说的"羁",是指旅客,你也许知道。对答应该及时,答案的深浅、多寡,应该因人而异。

墨家对"通意后对"交际原则的解释,涉及语言的多义性。在对话辩论

---

① 《尹文子·大道下》:郑人谓玉未理者为璞,周人谓鼠未腊者为璞。周人怀璞谓郑贾曰:"欲买璞乎?"郑贾曰:"欲之。"出其璞视之,乃鼠也。因谢不取。

 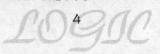

中,不先"通意",会出现"答非所问"的现象,妨碍成功交际,导致无谓的纷争。当时常见利用语言多义性进行诡辩的现象,墨家提出"通意后对"的原则,是为了防止和克服诡辩。

邹衍针对公孙龙"白马非马"的诡辩,说:"辩者别殊类使不相害,序异端使不相乱,抒意通指,明其所谓,使人与知焉,不务相迷也。"即辩论者,应分辨不同的类别,使其不互相妨害;分析不同的方面,使其不互相混淆;疏通意义的所指,说明自己的意图,使别人认知,不互相迷惑。公孙龙"引人声,使不得及其意",即引用别人语言,偷换概念,转移论题,制造诡辩,有害"大道"(整体道理),是"缴言纷争"(繁琐诡辩)的来源。邹衍说明合理思维和正当辩论的规范,是从思维规律角度揭示正当辩论的性质。

五、"彼止于彼"的规律总结

《经下》第 169 条说:"彼彼此此与彼此同,说在异。"《经说下》解释说:"正名者:彼彼此此可:彼彼止于彼,此此止于此。彼此不可彼且此也。彼此亦可:彼此止于彼此。若是而彼此也,则彼亦且此此也。"

即"彼"、"此"的非集合概念,与"彼此"的集合概念,这两种情况,在都要遵守同一律这一点上,是相同的。论证的理由在于,这两种情况还有所不同。在研究正确运用概念的规律时,应注意以下三种情况。

第一,"彼彼此此可":那个"彼"之名,要确定地指称"彼"之实;这个"此"之名,要确定地指称"此"之实。如那个"牛"之名,要确定地指称"牛"之实;这个"马"之名,要确定地指称"马"之实。

第二,"彼此不可":"彼此"的集合概念,不能仅单独地指称"彼"之实,或"此"之实。如"牛马"的集合概念,不能仅单独地指称"牛"之实,或"马"之实。

第三,"彼此亦可":"彼此"的集合概念,要确定地指称"彼此"的集合体。如"牛马"的集合概念,要确定地指称"牛马"的集合体。如果"是"与"彼此"的不同概念,可以混同,那么"彼"与"此此"的不同概念,也就可以混同。如"羊"与"牛马"的不同概念,可以混同,那么"牛"与"马马"的不同概念,也就可以混同。这当然是不对的。这是用归谬法说明,违反同一律,必然产生逻辑混乱。

"正名",就是把概念搞正确。这里从元逻辑的高度,概括同一律。孔子首倡"正名",《论语·子路》载孔子说:"必也正名乎!""名不正则言不顺,言不顺则事不成。"受孔子影响,战国时代诸子百家无不谈论"正名"。名墨两家在《墨经》和《公孙龙子·名实论》中,从思维规律角度讨论"正名",作出相同的元逻辑概括。

尽管公孙龙是战国中后期最著名的诡辩家,有许多诡辩论题和论证,但他是名家学派的集大成者,除了集名家诡辩论的大成,也集名家逻辑思想的大成。《公孙龙子·名实论》把名家的"正名"思想发挥到极致,在思维规律的元逻辑概括上,与墨家同攀高峰,达到相同的顶点。《公孙龙子·名实论》说:"彼彼止于彼,此此止于此,可。彼此而彼且此,此彼而此且彼,不可。"这种规律性的规定,与《墨经》毫无二致,是名墨两家通过不同的途径,所达到的共同认识。

"通意后对"(弄通对方意思再回答)的原则,和"谓而固是"(称谓应该保持确定性)一样,是同一律在语言理解和运用中的表现。墨家把同一律的规定,叫做"正名"(正确运用概念的规律)。"正名"本是孔子提出的语言表达规律,经战国时期诸子百家的争鸣辩论,取精撷萃,升华提高,到《墨经》和《公孙龙子·名实论》,终于作出元逻辑的概括。

《经说下》第 169 条,用古汉语代词作变项,表述元逻辑规律:"彼止于彼","此止于此","彼此止于彼此"。即彼 = 彼,此 = 此,彼此 = 彼此。对应的实例是:牛 = 牛,马 = 马,牛马 = 牛马。用英文字母表达相当于说:A = A,B = B,AB = AB。同一律用古汉语代词和用英文字母作变项的不同表达,在逻辑上等值。《墨经》同一律表述对照,如表 1,说明《墨经》同一律表述的正确性、合理性和普遍真理性。

表 1 同一律

古汉语	彼止于彼	此止于此	彼此止于彼此	彼此不可彼且此
逻辑	A = A	B = B	AB = AB	AB ≠ A;AB ≠ B
实例	牛 = 牛	马 = 马	牛马 = 牛马	牛马 ≠ 牛;牛马 ≠ 马

《墨经》说:"彼此不可彼且此也。"相当于用英文字母说:AB ≠ A,AB ≠ B。实例是:牛马 ≠ 牛,牛马 ≠ 马。《墨经》说:"若是而彼此也,则彼亦且此此也。"相当于说:若 C = AB,则 A = BB。实例是:若羊 = 牛马,则牛 = 马马。这是用归谬法,证明同一律的正确性。

这里可以看出由具体应用到抽象理论的发展脉络。

第一,齐国黄公以美为丑和周郑商人以玉鼠为璞之类的故事,相对于中国古代的理论逻辑和元逻辑而言,是中国古代的应用逻辑、对象逻辑。

第二,"谓而固是"和"通意后对"之类的概括,是上升到语言逻辑理论的规律,相对于中国古代的应用逻辑、对象逻辑而言,是中国古代语言交际中语义学、语用学的理论逻辑和元逻辑。

第三,"彼止于彼"之类的概括,是上升到一般逻辑理论的规律,相对于中国古代的应用逻辑、对象逻辑而言,是中国古代高度抽象的理论逻辑和元逻辑。

古代逻辑家作出"谓而固是"、"通意后对"和"彼止于彼"之类同一律的概括,潜移默化,影响深远。

顾左右而言他 "顾左右而言他"成语,意谓着在对话辩论中转移论题,违反"彼止于彼"的同一律。该成语出自《孟子·梁惠王下》载孟子与齐宣王对话的故事。孟子对齐宣王说:"假定您的臣下,把妻室儿女托付给朋友照顾,自己到楚国游历。等他回来的时候,发现妻室儿女在挨饿受冻。对这样的朋友,该怎么办?"齐宣王说:"跟他绝交。"孟子说:"假若您的司法官,不能管理好下级,该怎么办?"齐宣王说:"撤职。"孟子说:"假若遍齐国没有得到很好的治理,该怎么办?"齐宣王"顾左右而言他",即环顾左右,岔开话题。[①] 东汉赵岐注说:"左右顾视,道他事,无以答此言也。""王顾左右而言他",后变为普遍使用的成语,是对话辩论中"转移论题",违反同一律的同义语。

答非所问 歌剧《刘三姐·对歌》选段:

> 刘三姐:高高山上低低坡,三姐爱唱不平歌。
>
> (众和)再向秀才问一句,为何富少穷人多?
>
> 陶秀才:穷人多者不少也,
>
> 李秀才:富人少者是不多。

---

① 《孟子·梁惠王下》:孟子谓齐宣王曰:"王之臣,有托其妻子于其友,而之楚游者,比其反也,则冻馁其妻子,则如之何?"王曰:"弃之。"曰:"士师不能治士,则如之何?"王曰:"已之。"曰:"四境之内不治,则如之何?"王顾左右而言他。

罗秀才:不少非多多非少,

莫海仁:快快回答莫罗嗦!

刘三姐问:"为何富少穷人多?"三位秀才没有正面回答,"答非所问",用否定定义、同语反复、语无伦次的话,解释"多""少"的字义。三位秀才的主人莫海仁,听得不耐烦,要求他们"快快回答莫罗嗦"。"答非所问"是"转移论题",违反同一律的一种表现。

不同铃铛的概念混淆　宋代祝穆《古今事文类聚别集》卷二十载,有个营邱人好抬杠,讲歪理。一天他去访艾子,问道:"大车底下,骆驼脖子上,多挂铃铛,是什么缘故?"艾子说:"车、骆驼个头大,多夜行,忽然狭路相逢,难于回避,借助铃声,互相警告,得以预先回避。"营邱人说:"佛塔上也挂铃铛,难道佛塔要夜行,须预先回避吗?"艾子说:"您不通事理,才这样提问题。凡鸟鹊,多在高处筑巢,粪秽狼藉,佛塔挂铃铛,为惊吓鸟鹊,怎能与大车、骆驼相比?"营邱人说:"鹰鹞尾巴挂小铃,难道有鸟鹊,到鹰鹞尾巴上筑巢?"艾子大笑说:"奇怪! 您真是不通道理! 鹰隼追击动物,有时钻进树林,脚上的绳子偶然会被树枝绊住,翅膀振动,铃铛发声,便于主人寻找,怎么可以说,有鸟鹊到鹰鹞尾巴上筑巢?"营邱人说:"送葬人手摇铃铛,口中唱歌,难道也是怕脚上的绳子,被树枝绊住,便于主人寻找? 不知送葬人脚上拴的是皮绳,还是线绳?"艾子生气地说:"送葬人是死者的先导,因为死者生前好抬杠,讲歪理,所以摇铃让死者的尸体快乐!"[①]营邱人对不同铃铛的不同作用,混淆不清,偷换概念,违反同一律。

不同石头的概念混淆　《两般秋雨庵随笔》讲述故事:有人把竹竿插在木碌碡中晾衣服,衣重风紧,屡被吹倒。甲说:"须用石滚才可不动。"乙说:"石头不动吗? 为什么染坊里的石臼,从早动到晚呢?"甲说:"那是有人用脚踏的缘故!"乙说:"城隍山、紫阳山庙里,每日千万人用脚踏,怎么不见其

---

①　宋祝穆《古今事文类聚别集》卷二十:营邱有士,性不通慧,每事多好折难,而不理。一日造艾子问曰:"大车之下,与橐驼之项,多缀铃铎,其故何也?"艾子曰:"车、驼之为物甚大,且多夜行,忽狭路相逢,则难于回避,以藉鸣声相闻,使预得回避矣。"营邱士曰:"佛塔之上,亦设铃铎,岂谓塔上夜行,而使相避耶?"艾子曰:"君不通乃至如此。凡鸟鹊多高巢,以粪秽狼借,故塔之有铃,所以惊鸟鹊也。岂与车、驼比耶?"营邱士曰:"鹰鹞之尾,亦设小铃,安有鸟鹊巢于鹰鹞之尾乎?"艾子大笑曰:"怪哉! 君之不通也! 夫鹰隼击物,或入林中而绊足,缘线偶为木枝所绾,则振翼之际,铃声可寻而索也,岂谓防鸟鹊之巢乎?"营邱士曰:"吾尝见挽郎,秉铎而歌,虽不究其理,今乃知恐为木枝所绾,而便寻索也。但不知挽郎之足,用皮乎? 用线乎?"艾子愠而答曰:"挽郎乃死者之导也,为死者生前好诘难,故鼓铎而乐其尸尔!"

动呢?"甲说:"它是大而实心的,所以不动。"乙说:"城河石桥,都是小而空心,每日踏,为什么不见其动呢?"石滚、石臼、石山、石桥都是石头,有不同的性质和作用,是不同概念,乙将其混为一谈,违反同一律。

调羹师的概念混淆 魏邯郸淳《笑林》记载"调羹"的故事:有人熬粥,盛一勺"锅里的粥",品尝味道,感觉"盐放少了",于是加盐。后来多次,都是品尝最初"勺里的粥",每一次都说:"盐放少了。"于是反复往锅里加盐,共往锅里放了一升多盐。他每次尝的总是最初"勺里的粥",都感觉不咸,于是诧异万分。[①] 这位调羹师,混淆最初"勺里的粥"和每次"锅里的粥"的不同概念,违反同一律。

接是不接 宋沈俶《谐史》载,杭州寺院名叫"珊"的和尚,有势利眼,接待客人,因其身份贵贱,采取不同态度。他对小官殿中丞丘浚的态度傲慢,对州将子弟十分恭敬。丘浚不平地问:"为什么和尚接待我傲慢,接待州将子弟十分恭敬?"和尚说:"接是不接,不接是接。"即接州将子弟等于不接;不接你等于接。和尚的谬论,是违反同一律的诡辩。套用同一律的公式:"A是A,非A是非A。"只能说:"接是接,不接是不接。"怎么能反过来说"接是不接,不接是接"。丘浚听了和尚的诡辩谬论,用棍子敲打强词夺理的珊和尚,说:"和尚莫怪,打是不打,不打是打。"即我打你等于不打,不打你等于打。[②] 这是用"以子之矛,攻子之盾"的归谬法,反驳珊和尚违反同一律的诡辩。

诗咏"黄公美女:同一律":

> 倾城国色非丑恶,以鼠为璞是误会。
>
> 谓而固是同一律,通意后对明所谓。
>
> 彼等于彼此是此,是等于是非是非。
>
> 中西逻辑同一律,不同说法同意味。

---

① 魏邯郸淳《笑林》:人有和羹者,以勺尝之,少盐,便益之。后复尝向勺中者,故云:"盐不足。"如此数益升许盐,故不咸。因以为怪。

② 宋沈俶《谐史》:殿中丞丘浚,尝在杭州谒释珊,见之殊傲。顷之,有州将子弟来谒,珊降阶接之,甚恭。丘不能平,伺子弟退,乃问珊曰:"和尚接浚甚傲,而接州将子弟乃尔恭耶?"珊曰:"接是不接,不接是接。"浚勃然起,杖珊数下曰:"和尚莫怪,打是不打,不打是打。"

第二节 自相矛盾:矛盾律

一、成语来历

《韩非子·难一》载,楚国有位卖矛和盾的人,称赞他的矛说:"我的矛十分锐利,所有东西都能刺穿。"称赞他的盾说:"我的盾十分坚固,所有东西都不能刺穿。"一位旁观者说:"用你的矛,刺你的盾,怎么样?"他不能回答。①

韩非评论说:"夫不可陷之盾与无不陷之矛,不可同世而立。"(《难一》)"不可陷之盾与无不陷之矛,为名,不可两立也。"(《难势》)即楚人所谓"所有东西都不能刺穿的盾"和"所有东西都能刺穿的矛"两种说法,不能在同一世界成立。

从古汉语语法来说,"不可陷之盾"与"无不陷之矛"是两个概念。韩非说"为名",即作为语词、概念。从"不可陷之盾"与"无不陷之矛"两个概念,可以引出互相矛盾的命题,构成逻辑矛盾。如:

> 吾矛能刺穿吾盾(从"无不陷之矛"引出)。
> 吾矛不能刺穿吾盾(从"不可陷之盾"引出)。

这两个命题,构成逻辑矛盾。又如:

> 吾盾能被吾矛刺穿(从"无不陷之矛"引出)。
> 吾盾不能被吾矛刺穿(从"不可陷之盾"引出)。

这两个命题,构成逻辑矛盾。用楚人任一根矛,刺他任一面盾,或用他任一面盾,抵挡任一根矛,都能引出不同的矛盾命题。楚人的吹牛假话,矛盾百出。

所谓"不可陷之盾"与"无不陷之矛",是反对关系,二者不能同真,可以同假。有"不可陷之盾",就一定不会有"无不陷之矛";有"无不陷之矛",就一定不会有"不可陷之盾"。这是从一真可以推出另一假。从无"不可陷之盾",不能必然推出有"无不陷之矛";从无"无不陷之矛",不能

---

① 《韩非子·难一》:楚人有鬻盾与矛者,誉之曰:"吾盾之坚,物莫能陷也。"又誉其矛曰:"吾矛之利,于物无不陷也。"或曰:"以子之矛,陷子之盾,何如?"其人弗能应也。

必然推出有"不可陷之盾"。这是从一假,不能必然推出另一真。楚人所说"不可陷之盾"与"无不陷之矛",不能同时成立,不能同真,实际上他既没有"不可陷之盾",也没有"无不陷之矛",即二者同假。

用现代逻辑方法分析,"不可陷之盾"与"无不陷之矛",可以看作两个具有反对关系的关系命题。① 设用 R 代表关系"陷",a 代表"矛",b 代表"盾"。"无不陷之矛"可表示为:

$$\forall xR(a,x)$$

读作:对一切 x 而言,a 陷 x。"不可陷之盾"可表示为:

$$\forall x \neg R(x,b)$$

读作:对一切 x 而言,x 不陷 b。韩非指出,"无不陷之矛"和"不可陷之盾"不可同真,即:

$$\neg \forall xR(a,x) \wedge \forall x \neg R(x,b)$$

读作:并非:对一切 x 而言,a 陷 x,并且,对一切 x 而言,x 不陷 b。从 $\neg \forall xR(a,x) \wedge \forall x \neg R(x,b)$,用全称量词消去律,可以推出:

$$(R(a,b)) \wedge (\neg R(a,b))$$

读作:"吾矛能刺穿吾盾",并且并非"吾矛能刺穿吾盾"。这是两个具有矛盾关系的关系命题。用同样方法,可以描述"吾盾能被吾矛刺穿,并且并非吾盾能被吾矛刺穿"这两个具有矛盾关系的关系命题。这是用现代逻辑方法,解释韩非的"矛盾之说"。

韩非所谓"矛盾之说",即自相矛盾的议论。旁观者质疑:"用你的矛,刺你的盾,怎么样?"楚人理屈词穷,哑口无言。因为楚人"誉矛"和"誉盾"两句话,能引出互相矛盾的命题,构成逻辑矛盾,违反矛盾律。自相矛盾的逻辑错误,荒谬背理,在正常合理的思维表达中应当避免。

韩非子说楚人"不可陷之盾"与"无不陷之矛"两种说法,"不可同世而立","不可两立",即不能同真。这是通过典型案例分析,上升到理论性的语言,表达矛盾律的实质内容。

现代模态逻辑有所谓"可能世界"的概念,韩非子称,楚人"不可陷之盾"与"无不陷之矛"两种说法,"不可同世而立",可以解释为二者"不能在同一可能世界成立"。

---

① 参见刘培育主编:《中国古代哲学精华》,兰州:甘肃人民出版社 1992 年版,第 334—339 页。

LOGIC

东汉王充《论衡·问孔》说:"贤圣之言,上下多相违,其文前后多相伐。""相违"、"相伐",指互相违反、否定,意即矛盾。三国魏嵇康说:"欲饰二论,使得并通,恐似矛盾无俱立之势,非辩言所能两济也。"①意为矛盾命题不能同时成立,即使用花言巧语也办不到。

千百年来,"自相矛盾"的成语,家喻户晓,尽人皆知,实际起着矛盾律对思维表达的规范和支配作用。明杨慎《丹铅总录》卷八说:"今人谓言不相副,曰自相矛盾。"明程敏政《明文衡》卷十三引宋濂《孔子生卒岁月辨》说,孔子去鲁,司马迁《史记·孔子世家》说在鲁定公 14 年,而《史记·年表》则又说在鲁定公 12 年,认为这两种说法,不能同时成立,如果以《年表》为是,则《世家》为非;以《世家》为是,则《年表》为非。这是"一书之中自相矛盾"。

清《四库全书总目提要》卷一百二十一评论:宋代何薳《春渚纪闻》说"刘仲甫奕棋无敌",同时又说"祝不疑曾经胜过他",这两种说法"自相矛盾"。清孙星衍《孙渊如诗文集》卷三批评马端临《文献通考》,既说文、武、周公葬在咸阳,又说葬在万年,是"自相矛盾"。

古人对"自相矛盾"典型案例的分析,贯穿着矛盾律的应用。中华先哲思维表达和逻辑思想的特点,是重视典型案例的说明,同时在个案的说明中,透露抽象理论分析的点滴闪光,并善于借用典型案例举一反三、触类旁通的功能,体现一般规律的规范和支配作用。

二、类似成语

与"自相矛盾"类似的成语,还有"自相背驰"。清阎若璩《邱札记》卷六说:"不与其说自相背驰乎?大抵著一书,立一说,必处处圆通,不至有一毫隔碍而后可。"这里"必处处圆通",是遵守同一律。"不至有一毫隔碍",即不"自相矛盾"、"自相背驰",是遵守矛盾律。遵守同一律和矛盾律,是同一思维过程互相联系的两个侧面。

宋潘自牧《记纂渊海》卷五十八并列"自相矛盾"和"自相背驰"成语,附以实例。《前汉书·礼乐志》:"浊其源而求其清流。"即用把源泉搞混浊的办法,求得流出的水是清的。

---

① 嵇康:《嵇中散集·答释难宅无吉凶摄生论》。

《晋书·武帝纪》:"将适越者指沙漠以遵途,欲登山者涉舟航而觅路,所趣逾远,所向转难,南北悖殊,高下相反,求其至也,不亦难乎!"即想要到南方的越国去,却到北方的沙漠来找路。想爬山,却坐到船上来找路。走得越远,离目标越远。因为方向的南北高下,矛盾背谬。

《晋书·于令升总论》:"如室斯构,而去其凿契。如水斯积,而决其堤防。如火斯蓄,而离其薪燎。"即想盖房,却撤掉栋梁。想蓄水,却挖开堤防。想让火烧旺,却撤去柴火。这些典型案例,都贯穿着矛盾律的要求,以自相矛盾为荒谬、悖理。

三、墨子比喻

出于在辩论中证明己说,驳倒论敌的需要,墨子创造性地运用比喻,具体、形象、生动地说明论敌议论中自相矛盾的荒谬和背理。

1. 命包去冠

《公孟》载,儒家信徒公孟子说:"人的贫富寿夭,完全由天命决定,人为的努力,完全不起作用。"同时又说:"君子一定要努力学习,改变命运。"墨子反驳说:"教人学而执有命,是犹命人包而去其冠也。"教人学习,同时又坚持命定论的观点,这就像叫人包裹头发,同时又叫人把包裹头发的帽子去掉,是自相矛盾。教人学,意味着承认通过学习这种人为的努力,可以改变命运。坚持命定论,意味着自身的际遇,完全由天命决定,人为的努力,完全不起作用。这是既承认人为努力的作用,又不承认人为努力的作用,是自相矛盾。

2. 无客学客礼

《公孟》载,公孟子说:"鬼神是不存在的。"又说:"君子一定要学习祭祀鬼神的礼节。"墨子反驳说:"执无鬼而学祭礼,是犹无客而学客礼也,无鱼而为鱼罟也。"坚持鬼神不存在的论点,却又提倡学习祭祀祭鬼神的礼节,这就像没有客人,却学习待客之礼,没有鱼,却制造鱼网,是自相矛盾。

3. 禁耕求获

《节葬下》载,墨子说,统治者提倡厚葬,把许多劳动人民用血汗创造的财富,埋在墓穴,并长久服丧,禁止做事。"以此求富,此譬犹禁耕而求获也。"用禁止耕种与求得收获的矛盾,比喻厚葬久丧与求富的矛盾。

4. 负剑求寿

《节葬下》载,墨子说,当时统治者以"久丧""败男女之交"的办法,求得人丁兴旺,人口众多,这就像"负剑而求其寿",即用把利剑放在脖子上的办法,求得长寿,意谓矛盾、荒谬。

5. 掩目祝视

《耕柱》载墨子说,季孙绍与孟伯常治理鲁国政治,互不信任,闹矛盾,不从建立信任入手解决矛盾,却跑到丛林中的神祠祷告说:"愿神灵保佑我们和好!"这就像把眼睛掩盖起来祷告神灵说:"请保佑我什么都看得见!"意谓矛盾、荒谬。

6. 少见黑曰黑

《非攻上》、《天志下》和《鲁问》载,墨子批评天下君子把偷窃抢掠视为"不义",却把攻国掠夺叫做"义",这就像"少见黑曰黑,多见黑曰白;少尝苦曰苦,多尝苦曰甘",意谓矛盾、荒谬。

"自相矛盾"的成语,从词源上说是比喻,因其所含逻辑意义典型,成为违反矛盾律错误的代表性词语。在中国古代还有许多比喻,是与"自相矛盾"类似的形容违反矛盾律的错误。墨子的比喻与韩非"矛盾之说"异曲同工,同样有启发逻辑思维,避免逻辑矛盾的意义。

四、悖概念

1. 墨子和悖概念

墨子率先在辩论中总结"悖"的逻辑概念,表示议论的自相矛盾、荒谬和背理。《耕柱》载墨子说,一人贫穷说他"富有",就愤怒。但是无义说他"有义",却喜欢。二者都是过誉,对方一则以喜,一则以怒(不喜),包含矛盾、荒谬、背理。《贵义》载墨子说,让世上君子杀一条狗、一头猪,不会做就推辞。但让他做一国宰相,不会做却不推辞。二者都是"不能",对方一则"辞",一则"为"(不辞),包含矛盾、荒谬、背理。

2. 悖概念的语言背景

古汉语"悖"字,本从言,或从心,指思维表达中的逻辑矛盾、荒谬和背理。《说文》:"悖,乱也。"《玉篇》:"悖,逆也。"《集韵》、《韵会》:"悖,音背意同。"背、北通。北,古背字。《说文》:"北,乖也,从二人相背。"徐锴说:"乖者相背违也。"《集韵》:"北,违也。"清代段玉裁注:"乖者戾也,此于其形得其义也。""悖"概念的基本含义,是自相矛盾、荒谬和背理。

五、典型悖论

用"悖"概念揭示对方议论中的自相矛盾、荒谬和背理,是归谬式反驳法。《墨经》从百家争鸣中总结典型悖论,即自相矛盾的论点,用"悖"概念进行归谬反驳。

1."言尽悖"悖论

《经下》第172条说:"以言为尽悖,悖,说在其言。"即"一切言论是虚假的"这一论点自相矛盾,论证的理由在于"一切言论是虚假的"本身是言论。《经说下》解释说:"悖,不可也。之人之言可,是不悖,则是有可也。之人之言不可,以当必不当。"即虚假就是不成立。如果这个人这个言论成立,就是有并不虚假的言论,有成立的言论。如果这个人这个言论不成立,认为它恰当,必然不恰当。《墨经》指出论证的关键,是"说在其言",即"一切言论是虚假的"中"言论"、"虚假"的概念,涉及自身,自我相关。这是对悖论成因的深刻理解。墨家"论求群言之比",积极探求真理,博采百家精髓,反对"言尽悖"论,这是用归谬法,巧妙揭示论敌议论中的自相矛盾。

《墨经》批评的"言尽悖"论,类似庄子的观点。《庄子·齐物论》说:"是非之途,樊然淆乱,吾恶能知其辩?"又说:"其所言者特未定也。"《至乐》篇说:"天下是非果未可定也。"这种怀疑一切言论真实性的论点,导致相对主义的怀疑论和不可知论。

古希腊有"说谎者"悖论,克里特岛人爱庇门德说:"所有克里特岛人说的话都是谎话。"如果这句话真,由于它也是克里特岛人说的话,则这句话本身也是谎话,即假。从它的真,推出它的假,是悖论,是自相矛盾。但是,如果这句话假,能推出其矛盾命题"有克里特岛人说的话不是谎话",即"有克里特岛人说的话是真话",不能推出"所有克里特岛人说的话都是谎话"真。

这是一种不典型的语义悖论,即把"说谎者"悖论,表述为"我正在说的这句话假",构成典型的语义悖论:由它真,推出它假;由它假,推出它真。悖论是自相矛盾的恒假命题。语义悖论是涉及语言的意义、断定和真假等概念的悖论。《墨经》批评的"言尽悖"论,同爱庇门德的"说谎者"悖论相似,不过《墨经》"言"的论域,不限于某个地区人说的话,而是扩大到所有人言。

亚里士多德也有与《墨经》相似的反驳。亚氏在《形而上学》中说："说一切为假的人就使自己也成为虚假的。""从一切断语都是假的这一主张，也会得出，这话本身也不是真的"。

"一切言皆是妄"，是玄奘译印度陈那《因明正理门论》论"自语相违的似宗"（自相矛盾的错误论题）的举例，与《墨经》所批评的"言尽悖"论相同。二者说的主体都是"言"，全称量词"一切"和"尽"同义，谓项"妄"和"悖"同义，指虚假。古代中国、印度和西方不同逻辑传统具有某些相同思考的事实，是对人类思维规律一致性的证明。

2. "非诽"悖论

《经下》说："非诽者悖，说在（非）弗非。"《经说下》说："非诽，非己之诽也。不非诽，非可非也。（非）不可非也，是不非诽也。""诽"是批评缺点、错误。《经上》定义说："诽，明恶也。""诽"即非人之非，批评别人错误。"非诽"，即反对一切批评。墨家认为，提出"反对一切批评"这一论点的人，陷入逻辑矛盾。因为提出"反对一切批评"，就连自己"反对一切批评"这一批评也反对了。如果不反对一切批评，那么有错误就可以批评了。如果有错误不能批评，这本身也导致对"反对一切批评"论点的否定。因为对方正是把批评看作错误来反对的。

墨家主张批评，在百家争鸣中积极运用批评武器，批评错误，弘扬真理，运用归谬法，揭示"反对一切批评"论点的逻辑矛盾。墨家认为批评是正常的，应积极提倡。《经下》说"诽之可否"，"说在可非"，《经说下》说"论诽之可不可以理"，即讨论批评的可否，以是否合乎道理为标准。

《公羊传·闵公元年》载，儒家主张"为尊者讳，为亲者讳，为贤者讳"。《论语·子路》载，孔子提倡"父为子隐，子为父隐"。《经说上》批评儒家主张的"圣人有非而不非"，即圣人见人有错误而不批评。庄子否定百家言辩，自己积极言辩，自相矛盾。墨家概括儒、道论点为"非诽"论，并揭示其自相矛盾，进行归谬反驳。

3. "学无益"悖论

《经下》说："学之益也，说在诽者。"《经说下》说："以为不知学之无益也，故告之也，是使知学之无益也，是教也。以学为无益也教，悖。"即学习是有益的，因为反对这一论点的人，必然陷入逻辑矛盾。对方认为人们不知道"学无益"的论点,所以告诉别人,教别人,这等于否定"学无益",而承认学有益。墨家肯定教育的功能和学习的益处,反对"学无益"论,运用归谬法,揭示"学无益"论的逻辑矛盾。

4．"知知之否之足用"悖论

《经下》说:"知知之否之足用也悖,说在无以也。"《经说下》说:"论之非知无以也。"即"知道自己是知道,还是不知道,就够用了"的论点自相矛盾。因为讨论它,是想让人知道它,别人若是仅宣称自己不知道它,你肯定认为不够用。这是运用归谬法揭示论敌的逻辑矛盾。

《老子》说:"知不知,上;不知知,病。"《庄子·齐物论》说:"知止其所不知,至矣。"这是《墨经》批评的"知知之否之足用"的论点。墨家主张积极探求知识,反对道家对待知识的态度,《墨经》对悖论的归谬反驳,与印度、西方逻辑相通,说明东西方人类思维规律的相通。

六、驳"辩无胜"

庄子提出"辩无胜"的论题。为论证这一论题,他从辩论的语境中选取诸多选言支:1．一对一错。2．都对。3．都错。4．任意评判者与你相同。5．任意评判者与我相同。6．任意评判者与你我相异。7．任意评判者与你我相同。然后用选言推理,推出"辩无胜"结论。①

其推理过程是:假如我与你辩论,或一对一错,或都对,或都错,或任意评判者与你相同,或任意评判者与我相同,或任意评判者与你我相异,或任意评判者与你我相同:在所有这些情况下,都是辩无胜。所以,"辩无胜"的论题得证。

由于推理前提是辩论双方对错,以及任意评判者与辩论双方同异情况的全部排列组合,给人以貌似全面、理由充足和论证充分的假象。

但是,这一推理所用的选言支不穷尽,选言前提内容不真实。墨家对庄子"辩无胜"论的反驳,使用推翻对方多难推理的"避角法",指出对方论

---

① 《庄子·齐物论》:既使我与若辩矣,若胜我,我不若胜,若果是也,我果非也邪？我胜若,若不吾胜,我果是也,尔果非也邪？其或是也,其或非也邪？其俱是也,其俱非也邪？我与若不能相知也,则人固受其黮暗。吾谁使正之？使同乎若者正之,既与若同矣,恶能正之？使同乎我者正之,既同乎我矣,恶能正之？使异乎我与若者正之,既异乎我与若矣,恶能正之？使同乎我与若者正之,既同乎我与若矣,恶能正之？然则我与若与人,俱不能相知也。

证的谬误,是回避一个正确的选言支,"辩论是关于同一对象的矛盾命题之争",从而成功地驳倒了庄子的"辩无胜"论。

墨家指出辩论的实质,是争论一对矛盾命题的真假。矛盾命题的真值规律,是不能同真,必有一假;不能同假,必有一真。只有辩方所持论点"当"(真,符合实际),才能在辩论中取胜。

七、矛盾律的元逻辑概括

《经上》第 75 条说:"辩,争彼也。"《经说上》举例解释说:"或谓之牛,谓之非牛,是争彼也。是不俱当。不俱当,必或不当。"即辩论是针对同一个对象(彼)所发生的一对矛盾命题的争论。如一人说:"这个动物是牛。"一人说:"这个动物不是牛。"这是针对同一个对象(彼)所发生的一对矛盾命题的争论。辩论是"争彼",即争论矛盾命题的是非。

《墨经》用元语言的语法概念(否定词"不",全称量词"俱",特称量词"或",模态词或必然推出关系"必")和语义概念("当"、"不当",相当于真、假),对矛盾律作出理论抽象和概括。这是《墨经》用古汉语的元语言工具,对墨子运用矛盾律的议论进行第一层次的元理论概括。

把"这个动物是牛"和"这个动物不是牛"两命题,分别表示为 p 和 ¬p(读为:p 和非 p),则"不俱当,必或不当"可表示为:

$$\neg(p \wedge \neg p) \rightarrow (p \vee \neg p)$$

读为:并非"p"和"非 p"同真,则或"p"真,或"非 p"真(="p"或"非 p"必有一假)。这是用现代逻辑语言,对墨家逻辑进行第二层次元理论分析。中国古代逻辑研究,应区分 3 个层次的概念:

第一,中国古代辩论的应用逻辑,是墨辩理论概括所面向的对象逻辑。

第二,墨辩用古汉语,对中国古代辩论的应用逻辑(即墨辩理论概括所面向的对象逻辑)所进行的第一层次元理论分析。

第三,现代学者用现代逻辑方法和语言,对墨辩元理论分析的再分析,即第二层次的元理论分析。

《墨经》用"这个动物是牛"和"这个动物不是牛"两命题"不俱当"的方式,表示矛盾律,与西方逻辑实质一致。西方逻辑矛盾律的公式是:

$$\neg(P \wedge \neg P)$$

读作:并非"P 并且非 P"。对矛盾命题"P"和"非 P"不能同时都肯定。矛盾律从要求思维的一贯性方面,保证思维的确定性。对任一命题 P,不能既肯定,又否定。不能同时断定一对矛盾命题或反对命题。任一语言表达式,不能既具有又不具有语义 P。违反矛盾律的规定,思维表达会陷于混乱,发生逻辑错误。违反矛盾律的错误是自相矛盾,即同时肯定一对矛盾或反对命题。其形式是:

$$P \wedge \neg P$$

读作:P 并且非 P。这是矛盾式、永假式。

墨家表述的矛盾律,同西方逻辑创始人亚里士多德的表述实质一致。亚氏把矛盾律表述为:"对立的陈述不能同时为真。""相反论断不能同时为真。""这个动物是牛"和"这个动物不是牛"就是亚氏说的"对立的陈述"、"相反论断"。"不俱当"就是亚氏说的"不能同时为真"。

《墨经》通过典型事例的分析,把矛盾律理解为两个矛盾命题、判断或语句的关系。亚氏除了有时理解为两个"相反的叙述"或"互相矛盾的判断"的关系,思维、认识、表达的规律之外,在更多场合,主要是把矛盾律理解为事物的规律,本体论、存在论的规律,导致把逻辑的具体科学规律,与哲学世界观的普遍规律混为一谈。墨家对矛盾律的概括,只是思维论辩的规律,不是本体论、存在论的规律,不存在像亚氏那样的混淆,这是墨辩的优点。

矛盾命题"a 是牛"和"a 不是牛"(="a 是非牛")的谓项"牛"和"非牛"是其邻近属概念"动物"下属的一对矛盾概念,它们内涵不同,外延互相排斥,一动物 a"是牛",就不能又"是非牛","是非牛",就不能又"是牛"。矛盾命题"a 是牛"和"a 是非牛"(="a 不是牛")的真值规律,必然是不能同真。

矛盾律也适用于反对命题,反对命题的真值规律也是不能同真,同时肯定一对反对命题,也违反矛盾律。如《经说下》第 136 条说:"或谓之牛,其或谓之马也,俱无胜。"反对命题"a 是牛"和"a 是马"的谓项"牛"和"马",是其邻近属概念"动物"下属的一对反对概念,它们内涵不同,外延互相排斥,一动物 a"是牛",就不能同时又"是马";"是马",就不能同时又"是牛"。反对命题"a 是牛"和"a 是马"的真值规律,必然是不能同真。

不同的是,矛盾命题是必有一假,反对命题是至少有一假,也可以同假。"俱无胜"指可以同假,如事实上动物 a 是狗,则说"a 是牛"和"a 是马"同假。矛盾律也适用于反对命题的另外一个理由,是从反对命题中也可引申出矛盾命题,例如说"a 是马",等于说"a 不是牛",与"a 是牛"构成矛盾;说"a 是牛"等于说"a 不是马",与"a 是马"构成矛盾。

违反矛盾律的自相矛盾思想、言论,在现实生活中常见。毛泽东说:"写文章要讲逻辑。""不要互相冲突。"①列宁说:"'逻辑矛盾'——当然在正确的逻辑思维的条件下——无论在经济分析中或在政治分析中都是不应当有的。"②

诗咏"自相矛盾:矛盾律":

自相矛盾传千古,自相背驰意义同。
墨子用悖破天荒,比喻矛盾独创性。
墨家善于驳悖论,总结辩学属头功。
中国逻辑矛盾律,典型分析好应用。

第三节　模棱两可:排中律

唐文学家苏味道(公元前 648—前 705),赵州栾城(今河北)人,18 岁当进士,50 岁当宰相。苏味道有一外号叫"摸床棱宰相"。宋王谠《唐语林》卷五载,苏味道任宰相,门下人问他:"现在天下待处理的事很多,您当宰相,将如何处理呢?"苏味道用手摸着所坐床棱,不表示肯定和否定,于是时人叫他"摸床棱宰相"。③

宋高承《事物纪原》卷十说:"味道为相,人所咨决,无所可否,依违嗫胡,以手摸所坐床,故曰摸棱。"即苏味道做宰相,人们问他问题,请他决断,他总是态度含糊不清,不明确作出判断,只是用手摸着所坐床棱,所以人们都叫他"摸棱"。"摸棱"同"模棱"。

---

① 《毛泽东选集》第 5 卷,北京:人民出版社 1977 年版,第 217 页。
② 《列宁全集》第 23 卷,北京:人民出版社 1958 年版,第 33 页。
③ 宋王谠《唐语林》卷五:苏味道初拜相,门人问曰:"方事之殷,相公何以燮和?"味道但以手摸床棱而已,时谓"摸床棱宰相"。

LOGIC

历史上形成与苏味道有关的成语,有"摸床棱宰相"、"模棱"、"摸棱宰相"、"苏模棱"、"模棱手"、"模棱两可"、"模棱两端",都是指苏味道对是非判断,含糊其词,不置可否,实质是违反排中律。

什么是排中律?排中律的规定是,对两个互相矛盾的思想,不能同时都否定,必须明确肯定其中之一。其公式是:

$$p \lor \neg p$$

读作:P 或非 P。即对矛盾命题 P 和非 P,不能同时都否定,必须明确肯定其中之一。这一公式是永真式,代入任何具体命题,都是真的。如就一动物个体 a 来说,或"是牛",或"非牛",必有一真,不能同假。

就简单直言命题而言,排中律的"排中",即排除对同一主项肯定和否定之外的任何中间可能。亚里士多德说:"在两个互相矛盾的谓项之间,没有第三者,我们必须或者肯定,或者否定某个主项,有某个谓项。"[①]如"或谓之牛,谓之非牛"是关于同一主项的矛盾命题,不能同时都否定,必须肯定其中之一。

针对同一动物 a,甲说"a 是牛",乙说"a 不是牛"(= a 是非牛),"牛"和"非牛"是同一概念"动物"下属的一对矛盾概念,二者穷尽了"动物"概念的全部外延,a 不在"牛"中,就在"非牛"中;不在"非牛"中,就在"牛"中,排除矛盾概念在"牛"和"非牛"之外的任何中间可能。

《经下》第 136 条说:"谓辩无胜,必不当,说在辩。"《经说下》解释说:"所谓非同也,则异也。同则或谓之狗,其或谓之犬也。异则或谓之牛,其或谓之马也。俱无胜。是不辩也。辩也者,或谓之是,或谓之非,当者胜也。"即辩论必须是双方针对同一主项,一方说它是什么,另一方说它不是什么,其中正确的一方是胜方,不正确的一方是败方。

如果争论的论题都不成立,"俱无胜",这不叫做辩论。如"或谓之牛,其或谓之马也",甲说"a 是牛",乙说"a 是马",这是关于同一主项的反对命题之争,"牛"和"马"是同一概念"动物"下属的一对反对概念,二者相加,没有穷尽"动物"概念的全部外延,在反对概念"牛"和"马"之外,还有其他中间可能(如是羊等)。

排中律不适用于反对命题,因为反对命题可以同假,允许对二者都否

---

① 《亚里士多德全集》第 7 卷,北京:中国人民大学出版社 1993 年版,第 106 页。1011b24—25。

定,不肯定其中之一。排中律只适用于矛盾命题,因为矛盾命题不能同时都否定,必须明确肯定其中之一。

排中律从要求明确性角度,保持思维的确定性。对矛盾命题 P 和非 P,不能同时都否定,必须明确肯定其中之一。在只有真和假的二值逻辑系统中,排中律无条件成立。

排中律的作用,是保证在二值逻辑系统中,划定真命题存在的范围。就简单直言命题而言,真命题存在于对同一主项肯定或否定同一谓项的矛盾命题中。根据排中律,对同一主项肯定或否定同一谓项的两个矛盾命题,不能同假,必有一真。不能二者都否定,必须明确肯定其中之一。

如根据排中律,可以断言"中华先哲有丰富多样的思维艺术"和"中华先哲没有丰富多样的思维艺术"这一对矛盾命题,不能同假,必有一真。不能二者都否定,必须明确肯定其中之一。排中律划定真命题存在的范围,就在一对矛盾命题中。

苏味道被称为"摸床棱宰相"的历史故事,后变形为短语"摸棱持两端可也",或成语"模棱两可"。《唐书·苏味道传》说,苏味道当宰相,"尝谓人曰,处事不欲决断明白,若有错误,必贻咎谴,但摸棱以持两端可矣。时人由是号为苏摸棱。"即苏味道曾对人说,处事不想给出明确决断,因为明确决断,如果发生错误,必然招人埋怨,只是回避矛盾,说"这也可以","那也可以",就算了。所以人们都叫他"苏摸棱"。

《明史》卷二百三十五说:"今言者不论是非,被言者不论邪正,模棱两可。"明高攀龙《高子遗书》卷十一说:"是曰是,非曰非,不为模棱也。"是就是,非就非,即:是 = 是,非 = 非。如就一动物个体 a 来说,"是牛"就"是牛","是非牛"就"是非牛",应该明确。

"模棱两可"的成语,就约定俗成的本义说,是对两个互相矛盾的思想同时都否定,而不明确肯定其中之一。如就一动物个体 a 来说,否定"是牛",也否定"非牛"。从这种意义理解"模棱两可",是违反排中律的逻辑错误。

从形式说,对两个互相矛盾的思想,同时都否定,不明确肯定其中之一,准确地说,是矛盾命题"两不可"。

违反排中律的逻辑错误,就成语约定俗成的本义说,是"模棱两可";从形式说,是矛盾命题"两不可"。这两种说法是相容的,不是矛盾的,可以同时成立。

违反排中律的逻辑错误,从形式上说,是矛盾命题"两不可",即认为命题"P"不可,矛盾命题"非P"也不可,对矛盾命题P和非P都否定,不明确肯定其中之一。其形式是:

$$\neg P \wedge \neg \neg P$$

读为:非P并且非非P。如《墨经》中有一段辩论,大意是对方说,"牛马非牛也"未可,"牛马牛也"未可。《墨经》根据排中律,说:"则或可或不可。而曰'牛马非牛也'未可,'牛马牛也'未可,亦不可。"墨家否定对方矛盾命题"两不可"的逻辑错误,因其违反"或可或不可"的排中律。

墨家认为,"牛马"是一集合概念,集合不等于元素,所以"牛马非牛"的命题是正确的。"牛马牛也"的命题,把集合与元素等同,是不正确的。而对方对"牛马非牛也"和"牛马牛也"一对矛盾命题,都说"未可",都否定,不肯定其中之一,违反排中律,形式上犯矛盾命题"两不可"的逻辑错误。

同一律、矛盾律和排中律,有什么关系呢?它们实质是一致的,是同一件事情的不同方面。同一律保证思维的确定性,矛盾律保证思维的一贯性,排中律保证思维的明确性。

如就一动物个体 a 来说,"是牛"就"是牛","不是牛"就"不是牛",这是保持思维的确定性,是同一律的要求。

如果既说"是牛",又说"不是牛",这没有保持思维的一贯性,是"自相矛盾",违反矛盾律的要求。

如果既否定"是牛",又否定"不是牛",这没有保持思维的明确性,形式上是矛盾命题"两不可",违反排中律的要求。

《辞海》"摸棱"释文:"对问题的正反两面,含糊其辞,态度不明确。""模棱"释文:"对问题的正反两面,含含糊糊,不表示明确态度"。《辞源》"摸棱"释文:"言依违无可否也。""模棱"释文:"依违无所可否也。"排中律要求,对矛盾命题,不能都否定,必须明确表示肯定其中之一。对矛盾命题含糊其词,躲闪回避,是否定的一种形式。

结论是:就成语约定俗成的本义说,"模棱两可"是违反排中律要求逻辑错误的代表性术语。从形式说,矛盾命题"两不可"是违反排中律要求逻辑错误的代表性术语。这两种说法不是矛盾的,是相容的,一致的,可以同时成立。

苏味道惯于模棱两可,含糊其词,在互相矛盾的论点间躲闪回避,不明确肯定其中之一,违反排中律要求,这是一般情况,有时也有反例。

武则天时,农历3月,艳阳普照,突然遭遇雪灾,危害作物生长。苏味道一反遇事"模棱两可"的常态,明确作出荒谬论断,颠倒是非,混淆黑白说:这是"瑞雪","天降祥瑞",率百官进宫朝贺,谄谀奉承武则天。

监察御史王求礼怒斥苏味道的谬论说:"如果三月下雪是瑞雪,那么腊月打雷,难道是瑞雷吗?"这是使用归谬法驳斥。用事实和道理对苏味道进行反驳:"三月降雪,不利农作物生长,是灾害,不是瑞雪,不是祥瑞。"王求礼对苏味道的驳斥,义正辞严,博得群臣支持,武则天为之罢朝。这是科学战胜迷信的一次成功尝试。①

诗咏"模棱两可:排中律":

> 真理谬误不容中,是非分明有逻辑。
> 模棱两可无道理,或是或非取其一。
> 是是非非不模棱,旗帜鲜明扬真理。
> 求真务实讲逻辑,思维规律胜歪理。

第四节　持之有故:理由律

《吕氏春秋·察今》载,某甲要将一婴儿投入江中,婴儿啼哭。别人问甲:"这是什么缘故?"甲说:"婴儿父亲善游,所以婴儿善游。"②甲说出的"故"(理由)是虚假的,与已知事实和真理相悖。善游是后天习得的技巧,不是先天遗传的本性。推论前提正确,是引出正确结论的必要条件。甲用虚假理由,推论婴儿生即善游,结论荒谬,不符合充足理由律(即理由律)。

《荀子·非十二子》说:"持之有故,言之成理。"即坚持论题有论据,推

---

① 宋司马光《资治通鉴》卷二百〇七:"大雪,苏味道以为瑞,帅百官入贺,殿中侍御史王求礼止之曰:'三月雪为瑞雪,腊月雷为瑞雷乎?'味道不从,既入,求礼独不贺,进曰:'今阳和布气,草木发荣,而寒雪为灾,岂得诬以为瑞?贺者皆谄谀之士也。'太后为之罢朝。"清《历代名臣奏议》卷二百九十八:"三月大雨雪,凤阁侍郎苏味道等以为瑞,率群臣入贺,监察御史王求礼让(责备)曰:'宰相燮和(调和)阴阳,而季春(农历3月)雨雪乃灾也,果以为瑞,则冬月雷岂为瑞雷邪?'味道不从,既贺者入,求礼即厉言于朝曰:'今阳气债升,而阴冰激射,此天灾也。主荒臣佞,寒暑失序,边隅不靖,盗贼繁兴,正官少,伪官多,百司非贿不入,使天有瑞,何感而来哉?'群臣震恐,后为罢朝。"

② 《吕氏春秋·察今》:有过于江上者,见人方引婴儿而欲投之江中,婴儿啼。人问其故,曰:"此其父善游。"其父虽善游,其子岂遽善游哉?

论过程有条理。这一成语，表达充足理由律的要点。

《雪涛小说》载故事说，楚国有人看见卖姜，说："姜从树上结成。"另一人说："姜从土里长成。"楚人固执己见，说："我与你找 10 个人裁判，用我的驴作赌注，跟你打赌。"他们问了 10 个人，都说："姜从土里长成。"楚人说："我的驴给你，但姜还是从树上结成。"楚人坚持"姜从树上结成"的虚假论题，持之无故，言之无理，违反充足理由律。

《大取》说："语经：三物必具，然后足以生。夫辞以故生，以理长，以类行也者。立辞而不明于其所生，妄也。今人非道无所行，虽有强股肱，而不明于道，其困也，可立而待也。夫辞以类行者也。立辞而不明于其类，则必困矣。"孙诒让注解说："语经者，言语之常经也。""语经"即思维表达的基本规律。沈有鼎说："'辞以故生，以理长，以类行'十个字，替逻辑学的原理，作了经典性的总括。"[1]"辞以故生，以理长，以类行"三者齐备，论题才能必然推出，这是《墨经》对充足理由律的古汉语表述。

"辞以故生"即论题凭借充足理由而产生。无充足理由是虚妄。作为充分条件的"故"具有必然推出论题的性质。《经说上》第 78 条说："湿，故也，必待所为之成也。"如说："因为天下雨了，所以地湿了。""天下雨"的"故"（原因、理由、根据）必然推出"地湿"的结论。

作为充分必要条件的"故"具有"有之必然，无之必不然"的必然性。如说："由于不具备见物的条件，所以不能见物。"

而作为必要条件的"故"（部分原因），就"无之必不然"，或"非彼必不有"说也具有必然性。如"只有对象在眼前，才能看见"，可以改说为："因为对象没有在眼前，所以不能看见。"这是把必要条件的表达式改写为充分条件的表达式，其必然性是显然的。

分析事物因果关系，举出论题之所以成立的充足理由是推论的实质和功能。做到这一点，论题的成立就有必然性，而勿庸置疑，《经说上》第 84 条说："必也者可勿疑。"

《经说下》第 133 条说："无说而惧，说在弗必。"《经说下》举例解释说："子在军，不必其死生。闻战，亦不必其死生。前也不惧，今也惧。"即没有论证的充分理由而恐惧，是没有必要的。论证的理由在于缺乏必然性。儿

---

① 沈有鼎：《墨经的逻辑学》，北京：中国社会科学出版社 1980 年版，第 42 页。

子在军队,不能必然断定他的生死。听到战斗的消息,也不能必然断定他的生死。从前不恐惧,现在却恐惧,这不合道理,没有必要。

"辞以理长"即推论过程有条理,顺理成章,推理形式正确。《大取》用"道"(人走的路)来比喻"理"。人走路不知"道"在哪里,即使腿脚强劲也要立刻遭到困难。宋朱熹咏《道》诗说:

> 如何率性名为道,随事如由大路行。
>
> 欲说道中条理具,又将理字别其名。

"道"如大路,道中有理,"道理"即条理、规律。《墨经》中道理、方法、法则、效法意义相近,可以互相解释。《大取》说"故、理、类",《小取》说"故、方、类","理"(道理)与"方"(方法)可以互相解释。

《经上》第 71 条说:"法,所若而然也。"法是遵循着它,就可以得到预期结果的东西。用"圆,一中同长也"的法则,用"规写交"(用圆规画闭曲线)的方式,可以画出标准的圆形。《小取》说:"效者,为之法也。所效者,所以为之法也。故中效则是也,不中效则非也。此效也。""效"就是提供标准的法式、形式、方法、方式,以作为效法、模仿的对象。这种效法、模仿即"套公式"。在数学计算和逻辑推演中"套公式"是基本操作。正确"套公式"就是进行正确的演绎推理。

《吕氏春秋·淫辞》记载,宋国有一个叫澄子的人,丢了一件黑衣服,在路上找,看见一位妇女穿黑衣服,拉住不放,要夺她的衣服,说:"刚才我丢了一件黑衣服。"妇女说:"您虽然丢了一件黑衣服,我身上这件确实是我亲手做的呀!"澄子说:"你不如赶快把衣服给我。刚才我丢的,是黑色的夹衣。现在你穿的,是黑色的单衣。用单衣顶替夹衣,你岂不是占了我的便宜了吗?"①东汉高诱注:"澄子横认路妇缁衣,计其禅与纺以为便,非其理也。"澄子强词夺理,论证无效。"澄"的本意是清楚明白。"澄子"的字面意思是头脑清楚的人。但澄子强夺人衣,糊涂固执,有讽刺意味。

"辞以类行"即推论过程符合类别关系。类是事物性质决定的同异界限和范围。《经说上》第 87 条说:"有以同,类同也。"第 88 条说:"不有同,

---

① 《吕氏春秋·淫辞》:宋有澄子者,亡缁衣,求之途。见妇人衣缁衣,援而弗舍,欲取其衣,曰:"今者我亡缁衣。"妇人曰:"公虽亡缁衣,此实吾所自为也!"澄子曰:"子不如速与我衣。昔吾所亡者,纺缁也。今子之衣,禅缁也。以禅缁当纺缁,子岂不得哉?"

不类也。""辞以类行"即同类相推。推论过程混淆类别,会立即遭到困难。《小取》提出"以类取,以类予"的规则,意为寻找同类例证进行证明和反驳。

《庄子·天下》载辩者有"白狗黑"的诡辩论题,违反"辞以类行"(同类相推)的规则。晋司马彪解释"白狗黑"的诡辩说:"狗之目眇,谓之眇狗。狗之目大,不曰大狗。此乃一是一非。然则白狗黑目,亦可为黑狗。"即狗的眼睛瞎叫做瞎狗,狗的眼睛大不叫大狗。因为瞎指眼而言,大指形体而言。而白狗的眼睛黑同样指眼而言,而非指形体。所以,与"狗之目大,不曰大狗"相类比,说"白狗黑目,不曰黑狗"是正确的,因为"目大"、"黑目"均指眼睛而言,"大狗"、"黑狗"均指形体而言。而与"狗之目眇,谓之眇狗"相类比,说"白狗黑目,亦可为黑狗"是错误的,因为"眇狗"(瞎狗)特指眼睛而言,而"黑狗"却泛指形体而言。"白狗黑"是强词夺理的牵强论证。

论证的功能,是摆事实,讲道理,以理服人。说服就是用充足理由使人信服。论证符合充足理由律,理由充足,才有说服力。东汉王充《论衡·薄葬篇》说,"论莫定于有证,空言虚词","人犹不信"。《知实篇》说,"凡论事者,违实不引效验","众不见信"。《奇怪篇》说:"言之有头足,故人信其说。"

宋吕祖谦《左氏博议》卷十说:"持之有故也,举之有证也,辨之有理也,无惑乎倾天下而从之也。"论点"持之有故","举之有证";论证"言之成理","辨之有理",必获信从。常言说:"有理走遍天下,无理寸步难行。"中华先哲对充足理由律的古汉语表达,通过"持之有故,言之成理"等成语的流传,规范着人们的思维表达。

什么是充足理由律?充足理由律的规定是:在论证中,论题的成立,必须有充足理由,即论据真实,并且从论据,能必然推出论题。充足理由律的公式是:

$$P \wedge (P \to Q) \to Q$$

读作:如果 P,并且(如果 P,则 Q),则 Q。P、Q 表示任一命题。含义是,要在论证中断定论题 Q 真,必须有论据 P 真,并从论据 P 能必然推出论题 Q。违反充足理由律的逻辑错误是"推不出来"、"理由虚假"。"推不出来"是推论违反逻辑规律、规则,犯形式错误。理由虚假是论题得不到证明,不能达到论证目的,犯实质错误。

王充《论衡·薄葬篇》说:"论莫定于有证。""空言虚辞","人犹不信"。宋洪迈《容斋随笔》卷四说:"作议论文字,须考引事实无差忒,乃可传信后世。"曾国藩《曾文正公诗文集》卷一说:"义理、考据、词章三者,不可偏废。"考据,即考证、考核事实,搜求例证,作为论证的根据。

拉法格在《回忆马克思》一文说,马克思的论证,是建立在"严格考核的事实上的","所引证的任何一件事实或数字,都是得到最有威信的权威人士的证实的","即使是为了证实一个不重要的事实,他也要特意到大英博物馆去一趟"。

宋玉的牵强论证 宋玉《登徒子好色赋》说:大夫登徒子侍奉楚襄王,批评宋玉的缺点说:"宋玉长得漂亮,能说会道,本性好色,希望大王不要让他在后宫走动。"楚王用登徒子的话问宋玉,宋玉说:"长得漂亮,本是天生。能说会道,是跟老师学的。至于好色,是没有的事。"楚王说:"你不好色,有论证吗? 有论证就罢了,没有论证就退下。"宋玉说:"天下之美人,都不如楚国。楚国的美人,都不如我老家。我老家的美人,都不如我东邻居的女子。我东邻居的女子,身高正合适。肤色白里透红。眉像翠鸟的羽毛,肌肤像白雪,腰像束丝,齿像海贝,莞尔一笑,使阳城、下蔡两城的人为之迷惑倾倒。但是这位女子,爬到墙头偷看我三年,我至今没有应允。登徒子就不是这样。他妻子蓬头散发,牙齿稀疏,走路迤逦歪斜,弯腰驼背,既有疥疮,又有痔疮,登徒子却喜欢她,使她生了五个孩子。国王您细想,究竟是谁为好色的人?"[①]宋玉的结论是"登徒子好色"。元岑安卿《栲栳山人诗集》卷上《题王氏三芗图》说:

> 吾闻登徒子,好色耽伛偻。
>
> 又闻海上翁,逐臭慕腥腐。

说登徒子像"海上翁,逐臭慕腥腐",溺于"嗜好,颠倒死不悟",背着"好色

---

① 宋玉《登徒子好色赋》:大夫登徒子侍于楚襄王,短宋玉曰:"玉为人体貌闲丽,口多微辞,又性好色,愿王勿与出入后宫。"王以登徒子之言问于宋玉,玉曰:"体貌闲丽,所受于天也。口多微辞,所学于师也。至于好色,臣无有也。"王曰:"子不好色,亦有说乎? 有说则止,无说则退。"玉曰:"天下之佳人,莫若楚国。楚国之丽者,莫若臣里。臣里之美者,莫若臣东家之子。臣东家之子,增之一分则太长,减之一分则太短。着粉则太白,施朱则太赤,眉如翠羽,肌如白雪,腰如束素,齿如含贝,嫣然一笑,惑阳城,迷下蔡。然此女登墙窥臣三年,至今未许也。登徒子则不然,其妻蓬头挛耳,龊唇历齿,旁行踽偻,又疥且痔,登徒子悦之,使有五子。王熟察之,谁为好色者矣?"

耽伛偻"的坏名流恶千古。历史上有人质疑宋玉的牵强论证。宋王应麟《汉艺文志考证》卷八引宋朱熹说,宋玉"辞有余,而理不足",即不符合充足理由律,犯"推不出来"的逻辑错误。毛泽东1958年在杭州与上海的教授谈话说,登徒子娶了丑媳妇,但是登徒子始终对她忠贞不二,他模范遵守《婚姻法》,宋玉却说他"好色",是论证方法的错误。[①]

过于执的牵强推论 昆曲《十五贯·被冤》一场,无锡知县过于执,误推尤葫芦养女苏戌娟和路上偶遇的熊友兰是杀死尤葫芦的罪犯:

> 杀死尤葫芦的罪犯有十五贯钱。
>
> 熊友兰有十五贯钱。
>
> 熊友兰是杀死尤葫芦的罪犯。

这个推论,作为三段论,犯"中项两次不周延"的逻辑错误。从思维规律说,违反充足理由律,犯"理由虚假"和"推不出来"的逻辑错误。过于执看到苏戌娟,论证说:

> 看她艳如桃李,岂能无人勾引?
>
> 年正青春,怎会冷若冰霜?
>
> 她与奸夫情投意合,自然要生比翼双飞之意。
>
> 父亲阻拦,因之杀其父而盗其财,此乃人之常情。
>
> 这案情就是不问,也已明白十之八九的了。

论证犯"理由虚假"和"推不出来"的逻辑错误。

南辕北辙 魏国大臣季梁行走在太行山路上,见一人往北赶车,问他到哪里去,回答:"到楚国去。"问他既然到楚国,为什么往北赶车?他说:"我的马好。"对他说你的马虽好,但这不是往楚国去的路。他说:"我的路费多。"告诉他你的路费虽多,但这不是往楚国去的路。他说:"我的赶车技术好。"他这三点越好,离楚国越远。他这三点理由,推不出他往北赶车,能到南方楚国的论题(《战国策·魏策4》)。这个成语比喻方法和目的相矛盾。汉荀悦《申鉴·杂言下》:"先民有言:适楚而北辕者,曰:'吾马良,用多,御善。'此三者益侈,其去楚亦远矣。"唐白居易《长庆集》诗:"欲望凤来百兽舞,何异北辕将适楚?"

---

① 见1978年9月11日《文汇报》。

痴人说梦 《余墨偶谈》载，戚公子一天早起，对婢女说："你昨天夜里，梦见我了吗?"婢女说："没有。"戚公子说："我梦中分明见到你，你怎么硬说没有?"戚公子对母亲说："傻婢女该打，我昨夜梦中见到她，她硬说没有梦我，岂有此理?"戚公子以自己梦见婢女为论据，无理论证婢女一定梦见自己。

马肝有毒 宋赵与虤《娱书堂诗话》、宋朱翌《猗觉寮杂记》载，西汉元鼎五年(公元前112年)，外国进贡马肝石，半青半黑，像马肝，方士春碎，制成所谓"九转之丹"，又叫"九转神明丹"。汉武帝(公元前141—前87年在位)宠幸的方士李少翁被封为文成将军，他以神仙迷信方术迷惑汉武帝。当时李夫人早卒，汉武帝想念，李少翁于夜间张灯设帐，使汉武帝在他帐遥望，见有女子像李夫人。李少翁鼓吹："黄金可成，河决可塞，不死之药可得，仙人可致。"后来李少翁方术失败，汉武帝诛杀李少翁，以"马肝石和九转神明丹"赐给他，李少翁吃了被毒死。汉武帝隐讳李少翁吃"马肝石和九转神明丹"中毒而死的事实，偷换概念说："文成食马之肝而死"。"马肝石"和"马之肝"是两个不同的概念，前者是石头(可制作砚台)，为无机物。后者是马的内脏。前者有毒不等于后者有毒。汉武帝偷换概念的逻辑错误捆绑方士李少翁的神仙故事不翼而飞，"马肝有毒，吃了会死"的传说广为流传，古医书多载治疗"吃马肝中毒"的处方。明李时珍《本草纲目》卷五十一说："中马肝毒：雄鼠屎三七枚和水研饮之。"

凿壁移痛 《雪涛小说》载，有人脚长疮，疼痛难忍，对家人说："你们给我把墙凿个洞!"洞凿成后，他把脚伸到邻居家一尺多长。家人问他："这是什么意思?"他答说："任凭他去邻居家疼痛，与我无关!"这是论题虚假，推不出来。

打老婆和偷表 胡适《治学方法》说："譬如你说某人偷了你的表，你一定要拿出证据来。假如你说因为昨天晚上某人打了他的老婆，所以证明他偷了你的表，这个证明就不能成立;因为打老婆与偷表并没有关系"。"就算你修辞得好，讲得天花乱坠，也是没有用的。因为不相干的证据不算是证据。"胡适《研究社会问题的方法》说，传说"食指动就有东西吃"，"食指动"和"有东西吃"无关，"食指动"推不出"有东西吃"，违反充足理由律。有人说，我的"星座"好，"幸运数字"好，"幸运颜色"好，能推出"一生好运"，这也犯"推不出来"的逻辑错误。

LOGIC

诗咏"持之有故:理由律":

> 人问其故父善游,善游不是人天性。
> 持之有故言成理,三物必具足以生。
> 理由根据要真实,论题必从论据生。
> 中外古今架桥梁,古典逻辑为今用。

LOGIC

第二章 概念艺术

第一节 扫鸡三足:概念分类

一、公孙辩论迷孔穿

孔穿和公孙龙在平原君寓所辩论,最后集中到辩论"臧三耳"的论题。公孙龙论证"臧有三只耳朵"的论题头头是道。孔穿不想跟公孙龙辩论,辞别回旅馆。第二天孔穿拜访平原君,平原君对孔穿说:"昨天公孙龙的辩论头头是道。"孔穿说:"是的。几乎能使'臧有三只耳朵'。但是他的论题难以成立。我想问您,说臧有三只耳朵这种说法很难理解,这种说法实际是不对的。说臧有两只耳朵这种说法容易理解,这种说法实际是对的。不知道您是同意容易理解,实际是对的说法呢?还是同意很难理解,实际是不对的说法呢?"平原君不说话。过了一天平原君对公孙龙说:"你不要再同孔穿辩论。"[1]

公孙龙是战国中后期最著名的诡辩家,在赵惠文王弟、赵国宰相平原君赵胜门下作食客数十年。孔穿是孔子六世

---

[1] 《吕氏春秋·淫辞》:孔穿、公孙龙相与论于平原君所。深而辩至于"臧三耳"。公孙龙言臧之三耳甚辩。孔穿不应。少选,辞而出。明日,孔穿朝,平原君谓孔穿曰:"昔者公孙龙之言甚辩。"孔穿曰:"然。几能令臧三耳矣。虽然,难。愿得有问于君:谓臧三耳甚难,而实非也。谓臧两耳甚易,而实是也。不知君将从易而是者乎?将从难而非者乎?"平原君不应。明日,谓公孙龙曰:"公无与孔穿辩。"

孙,受鲁国人委托,专程到赵国首都邯郸,劝公孙龙放弃诡辩学说,公孙龙却继续同孔穿诡辩,迷惑孔穿。

公孙龙诡辩"臧三耳"的手法,是混淆集合和元素的不同概念,用"臧耳"这一个集合,冒充"臧耳"的元素,然后再把"臧左耳"、"臧右耳"这两个"臧耳"的元素,用算术的方法相加,得到"臧三耳"的错误结论。

用同样的方法,公孙龙论证"鸡三足"、"牛羊足五"、"黄马骊牛三"等诡辩论题。《公孙龙子·通变论》说:

> 谓鸡足,一。
> 数足,二。
> ——————
> 二而一,故三。
>
> 谓牛羊足,一。
> 数足,四。
> ——————
> 四而一,故五。

"鸡足"的集合,在论证中被偷换为"鸡足"的元素,然后与数"鸡足"的元素数目 2,机械相加,得到 3。其算式如下:

$$\text{"鸡足"(集合)}1 + \text{"鸡足"(元素)}2 = 3$$

"牛羊足五",是说牛羊有五支足(把 1 个"足"的集合,和 4 个"足"的元素,机械相加)。"黄马骊牛三",是说"黄马骊牛"的成分,不是两个,而是 3 个(把 1 个"黄马骊牛"的集合,和"黄马"、"骊牛"2 个元素,机械相加)。

这些谬误推论的实质是混淆和偷换概念。《荀子·正名》:"辩说也者,不异实名以喻动静之道也。"这是荀子对推论的定义,即推论的实质,是运用同一概念,说明是非道理。又说:"辩异而不过,推类而不悖。"这是荀子提出的推论规则,即辩别异同无过错,以类相推无悖谬。"鸡三足"等诡辩论证,违反推论的定义和规则。

二、奇言尽扫鸡三足

宋陈渊《默堂集》卷九诗:"奇言尽扫鸡三足,妙意谁窥豹一斑?"在诸子百家争鸣辩论高潮中,名家公孙龙抛出"鸡三足"等奇辞怪说。《墨经》和《荀子·正名》总结运用概念的艺术,"尽扫鸡三足"等诡辩奇言。中国古代逻辑的发展历程证明,先有公孙龙"鸡三足"等诡辩奇言,后有墨荀两家概念分类的艺术和理论。品味诡辩和逻辑对立转化的妙意,可略窥中华先哲运用概念艺术之一斑。

恩格斯说:"如果自然科学不忘记,那些把它的经验概括起来的结论是一些概念,而运用这些概念的艺术不是天生的"。[①] 借鉴中华先哲运用概念的艺术,有助于今人思维的正确、表达的精密和工作效能的提高。

当把集合和元素概念的不同层次加以明确区分时,诡辩不可能产生,如果刻意混淆,就产生"鸡三足"之类的诡辩。《墨经》区分兼名和体名(集合和元素概念)的不同性质,为廓清"鸡三足"等诡辩奇言提供锐利武器。

《墨经》把集合概念叫"兼名"。《经下》第 167 条说:"牛马之非牛,与可之同,说在兼。""牛马"是一个"兼名"(集合概念)。《经上》第 2 条说:"体,分于兼也。"《经说上》解释说:"若二之一、尺之端也。"兼:整体。体:部分。集合概念叫做兼名。相对而言,元素概念叫体名。"牛马"是兼名,"牛"、"马"是体名。"二"是兼名,其中的"一"是体名。直线是"兼名",其中的点是"体名"。

《经下》第 113 条说:"区物一体也,说在俱一、惟是。"《经说下》解释说:"俱一若牛马四足,惟是当牛马。数牛数马则牛马二,数牛马则牛马一。若数指,指五而五一。"即区分事物为不同的集合,都具有两方面的性质:元素的各个独立性和集合的唯一整体性。

"俱一"和"惟是"是墨者独创的两个范畴。"一体"解为一个集合,是把许多不同的"体"(部分、元素)统一、整合,而得高一层次的集团。这个集合,在集和子集的序列中,可解为整体,也可解为部分。如对"兽"而言,"牛马"为一子集,一部分。对"牛"、"马"而言,"牛马"为一集合,一整体。这是《墨经》对概念划分的相对论和辩证观。

"俱一"指每个元素的各个独立性,字面意思是"每一个都是独立的一个"。"俱"在《墨经》是全称量词。《经上》第 43 条定义"尽,莫不然也",举例是"俱止、动","俱"与"尽"同义。《经说上》第 39 条说"二人而俱见是楹也。"《经说上》第 103 条说"俱一不俱二"。《经下》第 105 条说"俱一与二"为"不可偏去而二"的一个例子。"俱一"是墨家惯用词语。"惟是"指集合

[①] 《马克思恩格斯选集》第 3 卷,北京:人民出版社 1972 年版,第 54 页。

的唯一整体性、不可分配性,字面意思是"仅仅这一个"。"惟":独、仅仅。"是":这一个。

《墨经》常以"牛马"为例。"俱一"指的是"牛马"的元素,如说"牛马四足",指的是牛四足,马四足。"四足"的性质,不是从"牛马"这一集合的意义上说的,而是从非集合即类的意义上说的:"四足"的性质,可以同等地分配给"牛"和"马"两个元素(或子集合)。

"惟是"则是指"牛马"的集合。数起元素来,"牛马"有"牛"和"马"2个;而数起集合来,"牛马"只是1个。《经说下》第167条说:"牛不二,马不二,而牛马二。则牛不非牛,马不非马,而牛马非牛非马。"这是从另一角度,说集合和元素的不同。即"牛"不是两样元素,"马"也不是两样元素,而"牛马"则有"牛"和"马"两样元素。可用同一律说,牛是牛,马是马,牛马是牛马。在《经说下》第168条,被概括为"彼止于彼"、"此止于此"、"彼此止于彼此"的规律。这是用汉字表达的元素和集合的同一律。用字母来表达,即:A = A,B = B,AB = AB。

《墨经》常以"数指"为例:"若数指,指五而五一。"在讲解集合和元素的抽象逻辑理论时,数手指是方便、形象的教学手段。老师问学生:"右手有几个'指头'?"学生回答:"有5个。"这是从手指集合的元素,即"指头"角度说的("俱一")。这就是"指五"的意思。老师再问学生:"右手'五指'的集合有几个?"学生回答:"有1个。"这是从"手指"集合的角度说的(即"惟是")。这就是"五一"的意思。

老师问学生:"两只手有几个'指头'?"学生回答:"有10个。"这是从元素即"俱一"角度说。老师问:"两只手'五指'的集合有几个?"学生答:"2个。"这是从"惟是"角度说。于是《经说下》第159条总结说:"五有一焉,一有五焉。十,二焉。""五有一焉",即五指的集合有1个。"一有五焉"即一指的元素有5个。"十,二焉",即十指中"五指"的集合有2个。

《经下》第159条总结说:"一少于二,而多于五,说在建、住。""一少于二"从元素角度说,1指少于2指,更少于5指、10指。"一多于五"从元素跟集合的关系说,因为从一只手说,一指的元素有5个,而"五指"的集合只有1个。从两只手说,一指的元素有10个,而"五指"的集合只有2个。

"建、住"提示元素和集合(俱一和惟是)的两个角度。"建"指建立集合。如在一只手上建立1个"五指"的集合,在两只手上建立2个"五指"的集合。"住"指在集合中住进（放进）元素或子集。如在 1 个"五指"的集合中，住进 5 个一指的元素，在 2 个"五指"的集合中，住进 10 个一指的元素。

从住进元素的数目说，住一少于住二、五、十。从住进元素的数目和建立集合的数目相比较来说，住一多于建五。如从一只手或两只手的情况说，住进一指元素的数目，多于建立五指集合的数目。这是"一少于二，而多于五"趣味数学命题的奥秘。《墨经》从清理诡辩的需要出发，总结集合和元素概念的理论，为古代逻辑增添异彩。

三、海外奇谈悖于实

黑格尔说："中国人是笨拙到不能创造一个历法的，他们自己好像是不能运用概念来思维的。"[①]这一海外奇谈，有悖于事实和道理。

从事实上说，中国人自古有发达的物质和精神文明，有与农业生产规律相适应的历法（农历）和浩如烟海的典籍。同西方人一样，"能运用概念来思维"。《墨经》是"运用概念来思维"的典范，有丰富、深刻的概念理论。《墨经》的概念论，涉及名（语词、概念）的性质、作用和种类等问题，列举并解释上百科学范畴，是逻辑概念论的宝库。

从道理上说，人与动物的区别，是人能用概念思维。语词指号（声音、笔画）的信号系统和概念的抽象、理性思维形式，只有人才有，中国人自然"能运用概念来思维"。

比如说关于人的概念。《尚书·泰誓上》："人，万物之灵。"孔颖达疏："人是万物之最灵。"宋欧阳修《秋声赋》说："人为动物，惟物之灵。"《怪竹赋》说："有知莫如人，人者万物之最灵也。"朱熹《四书集注·大学》说："人心之灵，莫不有知。"宋袁燮《絜齐家塾书钞》卷八："人亦天地间一物尔，而惟人最灵。""灵者，言其有所知也。"相当于定义"人是有知识的动物"。

《春秋·谷梁传·僖公 22 年》说："人之所以为人者，言也。人而不能言，何以为人？"把语言作为人的特有属性，相当于定义"人是有语言、会说话的动物"。

东汉刘熙《释名》说："人，仁也，生物也。"相当于定义"人是有仁义道德的动物"。

---

① 黑格尔：《哲学史讲演录》第 2 卷，北京：三联书店 1957 年版，第 275 页。

唐刘禹锡《天论》说:"人之所能者,治万物也。""人之能,天亦有所不能也。"是说人有治理万物的属性。

《荀子·王制》说:"人有气,有生,有知,亦且有义,故最为天下贵也。力不若牛,走不若马,而牛马为用,何也? 曰:人能群,彼不能群也。""群":社会性。这是把社会性作为人的特有属性,相当于定义"人是社会的动物"。

《荀子·非相》说:"人之所以为人者,非特以其二足而无毛也,以其有辨也。"古希腊柏拉图(公元前427—前347)说人的特有属性是"二足无毛",荀子则认为人的特有属性是"有辨",即能辨别是非,有道德伦理观念,相当于定义"人是有道德、懂礼义的动物"。

指出人有语言、会说话、有社会性、有道德等特有属性,是揭示人概念的内涵,起到"举实"、"拟实"的作用。《小取》说:"以名举实。"《经上》第31、32条说:"举,拟实也。言,出举也。"《经说上》解释说:"告以之名举彼实。故言也者,诸口能之,出名者也。名若画虎也。言,谓也。言由名致也。"即名(语词、概念)的实质,是举实、拟实,即列举和摹拟实际事物。"举实"、"拟实",表示语词(词项)的指谓、表意和认识功能。用语句来"举实"、"拟实",构成概念的内涵和外延。"之名"即"此名","以此名举彼实",意味着名和实的相对性。

在名(语词、概念)和言(语句)关系上,认为名对实的反映作用,是通过一系列语句来实现的。从结构上说,语句是由名联结而成的。从认识作用上说,名对实的反映,靠语句对事物的列举、指谓来实现。利用名(语词、概念)和言(语句),认识事物、表达感情、进行交际和指导行动,这是人类特有的性质。

名的作用是列举实际事物,列举是模拟,即《小取》所谓"摹略"(反映、抽象、概括)。列举、模拟、摹略,是人的意识对外界事物的认识作用。列举、模拟、摹略,实质上是概念、范畴的抽象、概括作用。这种抽象、概括作用,需要通过语言来实现。表达概念、范畴的"名(即语词),可以通过口说出来。用"模拟"定义"列举",拿图画比喻概念、范畴对事物的反映作用,表明墨家的概念论,以能动反映论的认识论为哲学基础。

《大取》说:"名,实名。实不必名。"即名称是实体的名称,而有实体,则不一定有名称。这是科学的观点。告诉你这个名称,列举那个事实,语言是人们用口说出名称,指谓和交际,是语言的两大功能。墨家从事物、语言和意义(人的意识对事物列举、模拟、摹略的结果)三者关系上,说明名的性质和作用。而名称(语词、概念)是语言的构成元素,是推论说词的细胞,所以逻辑研究以概念论为必要成分。

《经说上》第79条说:"声出口,俱有名。""声"即"言","言为心声"。这接近于黑格尔所谓"人只要一开口说话,在他的话中就包含着概念",说明人注定要跟语词、概念打交道,说明语词、概念运用的普遍性。《经说上》说:"若姓字丽。"即"名"、"言"与事物的关系,犹如姓名后面跟着一个人(姓名附属于人),名实并存。

《墨经》讨论名称的指谓作用。《经上》第80条说:"谓:命、举、加。"《经说上》解释说:"谓犬'狗',命也。'狗,犬。'举也。叱:'狗!'加也。"列举指谓的3种含义:命名、列举和附加感情因素。把犬叫做"狗",是命名。用"狗"名作主项构成命题,说"狗是犬",这是用名称列举事物。对着狗叱责说:"狗!"这是附加感情因素。

与"指"相比较,"名"有抽象、概括作用。"指"即用指头指着实际事物说,相当于"实指定义"。一个人不认识鹤,于是指着鹤的实体或标本说:"这是鹤。"《经说下》第153条说:"或以名示人,或以实示人。举友富商也,是以名示人也。指是鹤也,是以实示人也。"我的朋友某某不在眼前,我利用现成的概念说:"我的朋友某某是富商。"这是给"我的朋友某某"的主项,加以"富商"的谓项,是用一般概念使人了解。指着面前的一种鸟说:"这是鹤。"这是把实体、实物展示给人看。"名"是脱离个别事物的一般概念,"指"是不脱离个别事物的感性直观。

《经下》第140条说:"所知而弗能指,说在春也、逃臣、狗犬、遗者。"《经说下》解释说:"春也,其死固不可指也。逃臣,不知其处。狗犬,不知其名也。遗者,巧弗能两也。"即有些知识只能用概念表达,不能用手指着说。如名叫"春"的女仆因病死了,不在人间,无法指着说。逃亡的奴仆,不知他现在哪里,无法指着说。小孩子不知道狗、犬的名称,必须分别解释,仅用手指指着实物,区分不出这两个名称。遗失的东西不能指着说,即使能工巧匠,也很难造出与原物完全同样的实物。

科学概念、范畴,通过心智抽象、概括作用获得。《经下》第146条说:"知而不以五路,说在久。"《经说下》解释说:"以五路知久,不当以目见。

若以火见。"即有些知识的获得,不是直接通过五种感官(眼耳鼻舌身),是通过心智的抽象、概括作用。五种感官所提供的经验,是形成抽象知识的条件。如"时间"概念的获得,是通过概括作用。五种感官的经验,是认识时间概念的条件,犹如光线是见物的条件,不是见物的器官。见物的器官是眼睛。《经上》第40条对"久"(时间)的定义,是"弥异时",即概括各种不同的具体时间,如"古、今、旦、暮"等。感官只能感知个别的时间,思维才能抽象一切时间的共同性质(普遍本质),用语词"久"概括,成为"时间"的哲学范畴。《墨经》中上百科学范畴,通过心智理性的抽象、概括而获得。

意义重叠 名是语词和概念的统一体。语词是声音或笔画文字,概念是语词的意义。遣词造句写文章,提倡简洁精炼,避免意义重叠。宋杨彦龄《杨公笔录》说:世之为文者,常患用字意义重叠。古人有讽刺说话重复的打油诗:

> 一个孤僧独自归,关门闭户掩柴扉。
> 半夜三更子时分,杜鹃谢豹子规啼。

诗中以下语词,意义重叠:

> 一个 = 孤僧 = 独自
> 关门 = 闭户 = 掩柴扉
> 半夜 = 三更 = 子时分
> 杜鹃 = 谢豹 = 子规

排除重叠后,剩余的有效概念是:

> 孤僧归关门
> 半夜杜鹃啼

这样表达,何其精炼!明杨慎《丹铅续录》卷一指出,在"缮完葺墙以待宾客"语句中:

> "缮"也,"完"也,"葺"也,一义也。一墙也,"缮"未足,而又加"完"与"葺"焉,于义为复矣,是谚所谓"一个孤僧独自归"也。

即:

> 缮 = 完 = 葺

杨慎认为，没有必要用"缮"、"完"、"葺"三个意义相同的词，形容一个"墙"字，这里存在谚语所谓"一个孤僧独自归"的意义重叠问题。排除重叠后，剩余的有效概念是：

缮墙以待宾客

这样表达，何其精炼！

车轭之名 《韩非子·外储说左上》记载，郑县有人拾到一个车轭，不知道叫什么名字，问人说："这是什么？"对方说："这是车轭。"一会儿，又拾到一个，问人说："这是什么？"对方说："这是车轭。"问的人大怒说："以前说车轭，现在又说是车轭，哪里有这么多车轭？你这是欺骗我。"于是跟人打斗。车轭是一个普遍概念，类概念，不是单独概念，这位郑县人只理解单独概念，不理解普遍概念。《经上》第79条说："名：达、类、私。"《经说上》举例解释说"物，达也，有实必待之名也命之。马，类也，若实也者，必以是名也命之。臧，私也，是名也止于是实也。声出口，俱有名，若姓字丽。""名"（语词、概念）从外延上分为三种：达名、类名和私名。达名是外延最大的普遍概念，最高类概念，相当于范畴。如物质，是一个哲学范畴，它同实体的范围一样大。凡是存在着的实体，都一定等待着物质这个名来称谓。类名是一般的普遍概念，类概念，属或种概念。类名可以根据其外延大小，构成一定序列，如"兽"、"马"、"白马"等。就"马"而言，凡具有如此这般性质的实体，都一定用这个名来称谓。私名是外延最小的单独概念，反映特定的个体，又叫专有名词。如臧作为一个人的名字。达、类、私三种名称，对应于一般、特殊、个别三种实体。墨家以这种分类层次为基础，制定一个囊括各门科学的范畴体系。

诗咏"扫鸡三足：概念分类"：

奇言尽扫鸡三足，妙意谁窥豹一斑。
公孙深辩臧三耳，甚难实非迷孔穿。
集合元素不能混，语词意义是概念。
达类私名三分法，概念范畴有深见。

第二节　澄清三惑:名正言顺

一、一网打尽

荀子以"智者"自居,是先秦儒家智者的代表。元王恽《秋涧集》卷六十六赞荀子:"金声绝响,诡辩纵横。兰陵著书,吐辞为经。"兰陵:指荀子。楚国春申君用荀子为兰陵(今有镇名兰陵,山东省苍山县)令,荀子著书终老于此。荀子的概念论,攀登儒家正名逻辑的高峰。荀子想用他所总结的概念论,把当时流行的诡辩一网打尽。

荀子把当时诡辩分为三大类,即"三惑":用名以乱名,用实以乱名,用名以乱实。荀子说:"凡邪说僻言之离正道而擅作者,无不类于三惑者矣。"邪说僻言:诡辩。荀子认为,世上所有诡辩,离开正确道理,标新立异擅为造作,实质都逃不出"三惑"的圈子,荀子概念论的逻辑原则,都是为澄清三惑的目的而提出的。

1. 用名乱名

对"用名以乱名"的诡辩,用"所为有名"(制名目的)的原则反驳。荀子说:"'见侮不辱'、'圣人不爱己'、'杀盗非杀人也',此惑于用名以乱名者也。验之所以为有名,而观其孰行,则能禁之矣。"

"见侮不辱",是古代哲学家宋钘的观点,意思是遇到欺侮,心理上不感到耻辱,就不会产生斗争的意念,发生斗争的行为,就能天下太平。这是用"不辱"的概念,把"侮"的概念弄混乱。实际的情况是,受到欺侮,就会感到耻辱,侮和辱紧密相连,不是互相排斥的。用"所为有名"的理论衡量,说"见侮则辱"是行得通的,因为它符合制名目的(指称实际、辨别同异)的原则,而说"见侮不辱"是行不通的,因为它不符合制名的目的。

"圣人不爱己",可能是墨子的观点。墨子提倡以夏禹为榜样,自苦利人,"爱人""不爱己"。荀子认为圣人爱人,圣人也是人,所以圣人爱人包括爱自己。说"爱人不爱己",是把自己这个人,从"人"的普遍概念中排除,也就是用"不爱己"的概念,搞乱"爱人"的概念,这不符合制名的目的。墨家著作《大取》说:"爱人不外己,己在所爱之中。己在所爱,爱加于己。伦列之:爱己,爱人也。""己,人也。爱己,爱人也。"这种"附性法"的复杂概念推理,符合《小取》中"是而然"的侔式推理的格式,是正确的推理。荀子批评的"圣人不爱己"论点,不是《大取》的观点。可能是由于荀子等人的批评,墨家学派自身起而修正了本派祖师墨子的观点。

"杀盗非杀人"命题的论证见《小取》。荀子从生物学的意义着眼,认为盗是人,杀盗是杀人。这也符合《小取》中"是而然"的侔式推理的格式,是正确的推理。如果说"杀盗"不是"杀人",是把作为盗的人,从普遍概念的"人"中排除,不符合"区别同异"的制名原则。荀子把"杀盗非杀人",看做用"非杀人"的概念搞乱"杀盗"的概念。

出于回应论敌批评的需要,《小取》对"杀盗非杀人"命题作了精心辩护。墨家指出论证这个命题的推论模式,不是应用"是而然"的"侔",而是应用"是而不然"的"侔"。"杀盗非杀人"类比论证梗概,见表2。

表2 类比论证

序号	是	不然
1	获之亲,人也	获事其亲,非事人也("事人"指做别人奴仆)
2	其弟,美人也	爱弟,非爱美人也("爱美人"指性爱)
3	车,木也	乘车,非乘木也("乘木"指乘未凿的原木)
4	船,木也	入船,非入木也("入木"指进棺材)
5	盗,人也	多盗,非多人也。无盗,非无人也。恶多盗,非恶多人也。欲无盗,非欲无人也。爱盗,非爱人也。不爱盗,非不爱人也。杀盗,非杀人也。("人"指"盗"以外的一般人、好人)

为论证"杀盗非杀人"的命题,墨家提供许多同类事例作为类比素材,以增添议论说服力。墨家总结"是而不然"侔式论证的核心,在于前提谓项附加新词素,在结论中构成的新谓项,意义发生变化,出现与前提中不同的新概念,违背荀子所谓"不异实名,以喻动静之道"的辩说原则,所以不能应用"是而然"的"侔",即不能像荀子说的"盗是人,杀盗是杀人",而只能应用"是而不然"的"侔",说"盗是人,杀盗非杀人"。

荀子对"杀盗非杀人"命题的批评,着眼于"盗"的生物学意义。墨家对"杀盗非杀人"命题的辩护,着眼于"盗"的伦理学意义。两家对同一概念意义理解不同,应用论证模式不同,结论也不同。

2. 用实乱名

"用实以乱名"的诡辩,用"所缘而以同异"(制名的本体论和认识论基础)的原则反驳。荀子说:"'山渊平'、'情欲寡'、'当橤不加甘,大钟不加乐',此惑于用实以乱名者也。验之所缘以同异,而观其孰调,则能禁之矣。"

"山渊平"是邓析、惠施等人的命题。荀子认为,这是用个别事实来搞乱一般概念。从个别事实说,有的山(较低的山)和有的渊(高山上的渊)一样平。但从一般概念说,山和渊是不平的:山高于平地,渊低于平地。这种一般概念是对大量事实的概括。用个别、特殊和偶然的事例来否认一般概念,是一种诡辩手法。

荀子所谓"用实以乱名"的诡辩,在现今逻辑谬误论中,称为"特例概括"、"非典型论证"、"仓促概括"、"以偏概全"或"逆偶然",属于论据不足型、错误归纳的谬误。

"情欲寡"是宋钘的观点。就实际情况说,个别生理不正常的人是情欲寡浅的。一般生理正常的人是情欲多。眼睛喜欢看美丽的颜色,耳朵喜欢听悦耳的声音,嘴巴喜欢尝可口的味道,鼻子喜欢嗅醇厚的气味,身体喜欢享受轻松安适。宋钘的诡辩,是用"情欲寡"的个别、特殊、偶然事例,抹煞"情欲多"的一般概念。

"当橤不加甘,大钟不加乐"是老庄、宋钘或墨子等人的观点。少数生理和心理情况特殊的人不喜欢吃牛羊猪狗肉,不喜欢听钟鼓音乐。多数生理和心理情况正常的人感觉牛羊猪狗肉好吃,钟鼓音乐好听。"当橤不加甘,大钟不加乐"的诡辩,是以个别、特殊、偶然的事例,抹煞一般概念。荀子认为,以"所缘而以同异"的理论,即制名的本体论(对象的同异)和认识论根源(不同感官的感觉和理性的概括)来衡量,就能禁止这种"用实以乱名"的诡辩。

3. 用名乱实

"用名以乱实"的诡辩,用"名约"(名称约定俗成)的原则反驳。荀子说:"'非而谓盈',又'牛马非马也',此惑于用名以乱实者也。验之名约,以其所受,悖其所辞,则能禁之矣。"

"非而谓盈"是针对公孙龙"白马非马"之类的诡辩。"非"即"不是",它断定主项"白马"与谓项"马"为概念的全异、排斥关系。但这违反名称约定俗成的原则。因为"白马"和"马"在命名时就表示它们是"盈",即相容、包含关系,即"白马"包含在"马"中。按概念的共、别(属种)关系说,"白马"是别名(种概念),"马"是共名(属概念),"白马"的概念隶属于"马",可以往上概括为"马"。公孙龙用"非"(全异、排斥)的概念,来称谓"盈"(相容、包含)的关系,是混淆概念的诡辩。

"牛马非马"的命题,见于《墨经》。在《墨经》中这个命题不是诡辩。《墨经》的意思是,"牛马"是集合,"马"是其中的元素,二者不等同,所以说"牛马非马"。这是对集合和元素关系的正确说明。可能有人撇开《墨经》中这一命题的科学内容,从字面和经验上曲解《墨经》命题,把《墨经》命题误解为某人家里有"牛马",却没有"马",即只承认有"牛马"的集合,不承认"牛马"的集合中有"马"的元素,这自然就陷入了诡辩。

荀子说这是用"非马"的概念来搞乱"牛马"的概念,指出用名称约定俗成的原则,看人们是接受有"牛马"为有"马",还是接受有"牛马"为"非马"。荀子认为人们肯定接受前者,而不接受后者,这样就能禁止"牛马非马"之类的诡辩。但这样从字面和经验上,误解《墨经》"牛马非马"的命题,是忽略《墨经》集合与元素概念分类思想的理论倒退。

荀子在古代百家争鸣中,全面深入思考所涉及的概念理论。荀子要一网打尽所有诡辩的自信有一定根据。"用名以乱名"、"用实以乱名"和"用名以乱实"的三分法,已穷尽名实关系排列组合的全部可能,说明荀子的概念论体系和与此对应的"三惑"说,在一定程度上有完整性、全面性和严密性。

荀子所谓世上所有诡辩都不出"三惑"圈子的说法,以今天观点看似乎有些夸张失实。诡辩和谬误问题极其复杂,类别繁多,涉及客观世界和人类思维表达的一切领域,用到哲学、逻辑和语言学等各科知识。古往今来人们并没有穷尽对诡辩和谬误的认识与分类。未来预期,诡辩和谬误的分类也仍是一个亟待探索的繁难课题。

二、正名的逻辑

孔子从当时社会政治伦理的思维表达实践中,率先总结概括出"正名"的思辨课题,说"名不正,则言不顺"(《论语·子路》),对诸子百家产生深刻持久的影响。各家从不同角度阐发"正名"课题,提出各具特色的独到见解。

　　荀子适应当时社会需要,从儒家智者的视角,创发孔子正名的逻辑内涵,建构以概念论为中心的逻辑体系,继墨辩之后,把中国古代逻辑推向又一高峰。荀子对概念论和语言论、本体论、认识论、判断论、推理论、诡辩论、语言规范化、华夏大一统等相关论述,是有积极价值的学术精华。以现代方法揭示荀子正名论的逻辑意义,是中国逻辑元研究的课题。

　　"名"相当于语词、概念。汉字"名",在商、周甲骨文、金文中,由"夕"、"口"两部分会合而成。甲骨文"夕"模拟月牙形状表示黑夜;"口"描绘口部形状表示说出名称。"夕"、"口"会合为"名",表示在黑夜里,用眼睛看不清对象,需要用口说出名称,区分说明对象。东汉许慎《说文解字》说:"名,自命也。从口、夕。夕者冥也。冥不相见,故以口自名。"清段玉裁注说:"故从夕、口会意。"汉字"名"的构造形成过程,透露出名(名称、语词)的指谓、交际功能。

　　语词的指谓功能,涉及语言符号同所指称、意谓对象的关系,是指号学(符号学)分支学科语义学的研究对象。荀子《正名》说:"故智者为之分别制名以指实。"提出"制名以指实"的系统理论,相当于指号学分支学科语义学的知识。以语词的形式,巩固凝结对象及其本质反映的意识内容,是逻辑学概念论的应有之义。用语义学、指号学和逻辑学概念论这两种方法,分析荀子正名论并行不悖。现代学者持这两种方法分析古代名辩材料,相容互补,并非一是一非,互相否定。

　　荀子正名论的逻辑体系,由名、辞、辩说三要素构成:"名也者,所以期累实也;辞也者,兼异实之名以论一意也;辩说也者,不异实名以喻动静之道也。"荀子的正名论,详于语词和概念论,使用"名"的统称,被后人称为名学。墨辩和荀子名学本质一致,各有侧重。它们同为中国古代百家争鸣和名辩思潮的硕果,是儒墨两家显学对中国古代思维方式理论化建设的范本,是中国古代逻辑的两个典型。

　　"名"是中国古代逻辑的第一个专门术语,相当于当今逻辑教本中的词项。古代逻辑家对名的论述,涉及语言符号和概念两方面。《荀子·正名》说:"名也者,所以期累实也。"名称、语词是实体、实质、本质的概括。唐杨倞注引"或曰":"累实当为异实,言名者所以期于使实各异也。"名称、语词是区分、说明各种不同对象的工具。墨家、荀子从反映论、认识论角度,揭示名称、语词的实质,是用来列举、摹拟和表示不同实体、实质和本质,名称、语词称谓、指谓对象及其性状,是包含概念、意义的语言符号。《墨经》和荀子对名的论述,具有相当于语义学(指号学)和概念论(逻辑学)两方面的内容,只承认其中一面,是知其一不知其二。

语词和概念有密切联系,是一个统一体的不同侧面。瑞士著名语言学家索绪尔比喻语词和概念的关系,犹如一张纸的两面,不能去掉纸的一面,而同时不毁坏另外一面。同样,声音的语词指号,是不能够同概念分开的。"正名"即规范语词、概念,这是语义学、指号学的任务,也是逻辑学概念论的应有之义。

荀子逻辑著作题为"正名",意味着其逻辑以概念论为主轴展开。荀子提出"制名之枢要",即制定语词、概念的要点和基本原则,要目如下。

1. 辨同异

荀子提出"制名之枢要":同样事物给予同样名称,不同事物给予不同名称。这是由荀子概念论的第一个要点"所为有名"(为什么要有名称,论制名目的)中概括出的一个总原则。荀子概念论的第一个要点"所为有名"说:不同形体、事物、实质,离开主体的认识器官,纷然杂陈,互相纽结纠缠。所以智慧的人就要为不同的形体、事物、实质,分别制定不同的名称、语词和概念,把事物的同异辨别清楚,思想就能正常交流,行动也易于产生预期效果。如牛、马是不同的动物,要分别用不同的名称来称呼。如果人要牛,却说要马;要马,却说要牛,则必然达不到目的,事情也会搞乱。这是正确的制名原则。

怎样做到"同则同之,异则异之"的制名原则呢?这涉及荀子概念论的第二个要点"所缘而以同异"。根据什么来辨别同异,是讨论名称、语词、概念形成的本体论和认识论基础。

从本体论的角度说,客观事物存在着形体、声音、口味、气味、状况等差异。从认识论角度说,人类天生具有感性和理性的认识器官和认识成果。即"天官意物"(眼、耳、鼻、舌、身不同感官的感觉)和"心有征知"(心思证明的知识)。

荀子说:人类面临同样的客观世界,具有同样的认识器官,经过对事物情况的比较、推断、摹拟、反映的认识工夫,对同样事物,形成同样意识。再通过约定共同名称、语词,形成概念,人们就能在交往中相互了解。用目区分形状、颜色,用耳区分声音的清浊调谐,用口区分甘苦咸淡,用鼻区分香臭芬郁,用触觉区分冷热痛痒,用心思区分喜怒哀乐。眼耳鼻舌身5种感官,接触、感应事物的不同性质,形成感性认识。思维器官,在感性认识基础上,推理论证,获得"征知"(理性认识,证明知识)。如闻语声而知有人,见炊烟而知有火。有感性和理性认识,用语言表达,使人了解。有感性认识不发展到理性认识,有理性认识不能用语言表达,使人了解,不是完全知识。

荀子从本体论和认识论角度,指明语词、概念的形成过程。其概念论同语言论密切结合,以从实际出发的本体论和唯理论的认识论为基础。

从逻辑学上说,"同则同之,异则异之"的制名原则,要求保持语言符号指谓对象的确定性,相当于同一律的要求。墨家在政治学术观点上激烈批判儒家,但在思维规律上两家一致。《墨经》引进孔子首创的"正名"术语,总结思维规律说,"正名者":"彼止于彼"、"此止于此"、"彼此止于彼此"。把"彼此"两个古汉语代词,置换为英文字母 AB,相应地把原公式置换为 $A = A, B = B, AB = AB$,其逻辑意义不变。对应的实例是:牛 = 牛,马 = 马,牛马 = 牛马。墨辩把儒家领袖孔子首创的"正名"术语,剔除其本来具有的强烈政治伦理应用性,改造为应用于一般思维的纯逻辑规律,这一方面说明儒墨对立学派的相互渗透,另一方面说明思维规律的超学派性和普遍工具性。

2. 单兼共别

荀子提出"制名之枢要":"故万物虽众,有时而欲遍举之,故谓之物。物也者,大共名也。推而共之,共则有共,至于无共然后止。有时而欲偏举之,故谓之鸟、兽。鸟、兽也者,大别名也。推而别之,别则有别,至于无别然后止。"这与现今逻辑教本中阐述的概念概括和限制的知识实质一样。

单、兼之名是从语言形式上分的。单名是单音节的词,如"马"。兼名是复音词(双音词、多音词或词组),如"白马"、"好白马"、"我家东邻的好白马"等,都可以根据表达、交流思想的需要来应用。单名和兼名不相违背,有共同性、相容性,就可以采用概括的方法。如我家东邻的好白马→好白马→白马→马,就是概念概括的过程。

共名和别名是从反映事物一般性和特殊性上对名的分类。它们的区分是相对的。如对"动物"而言,"马"是别名。对于"白马"而言,"马"是共名。共名和别名是指在概念概括和限制过程中出现的相邻概念。共名相当于现今逻辑学中所说的属概念,别名相当于种概念。

概念概括的方法叫"遍举",即往普遍化的方向列举。其特点是"推而共之,共则有共;至于无共然后止"。即依据一般性往上推,一般之上还有一般,一直到哲学上的最高类概念"物",因为它没有上位概念,就到达概括极限。"物"是"大共名"(外延最大的普遍概念)。如我家东邻的那匹好白马→好白马→白马→马→哺乳动物→动物→物,就是概念概括的逻辑推演。

《孟子·梁惠王下》说:"老而无妻曰鳏。"《礼记·王制》说:"老而无妻者,谓之鳏。"宋魏了翁《尚书要义》卷一批评说:"无室家名鳏,不独老无妻。无妻曰鳏。""舜于时年未三十,而谓之鳏者。书传称孔子弟子子张,舜父顽母嚚,无室家之端,故谓之鳏。鳏者无妻之名,不拘老少。""《诗》云,何草不玄,何人不鳏。暂离室家,尚谓之鳏。"这是指出"老而无妻曰鳏"的定义过窄,需要去掉"老"的限制词,而扩大到"无妻"(包括像"时年未三十","无室家之端",或"暂离室家"的成年男性),这是使用荀子"共"、"遍举"(概括)的逻辑方法,使概念精确化。

概念限制的方法叫"偏举",即往特殊化的方向列举。其特点是"推而别之,别则有别,至于无别然后止"。即依据特殊性往下推,特殊之下还有特殊,一直到表示个体的单独概念,因为它没有下位概念,就达到限制极限。单独概念是"小别名"(外延最小的概念)。如把概念的概括过程逆转就是限制。如:物→动物→哺乳动物→马→白马→好白马→我家东邻的那匹好白马。这里"我家东邻的那匹好白马"是"小别名"。荀子说"鸟"、"兽"是"大别名",是指外延较大的"别名",还存在继续限制的余地。

荀子关于概念种类共名、别名的逻辑性质和概念概括、限制逻辑推演方法的元理论研究,是对语义学、指号学和概念论、逻辑学的杰出贡献,至今仍有充沛的生命活力和实践价值。

3. 合适名称

荀子提出"制名之枢要":"名无固宜,约之以命。约定俗成,谓之宜。异于约,则谓之不宜。"即名称没有本来就合适的,人们共同约定用它来指称某一个实体。词语被人们共同约定,在应用中形成习惯,就是合适的。违反约定俗成的原则,是不合适的。如犬、羊两个语词,在最初命名时是主观、任意的,而在命名以后,在应用中已经形成习惯,就是合适的名称。如果有人违反约定俗成的原则,把犬叫做羊,羊叫做犬,名称就不合适。诡辩家有"犬可以为羊"的命题,就是强调、夸大最初命名时的主观随意性,而抹煞名称约定俗成原则所造成的诡辩。

4. 真假

荀子提出"制名之枢要":"名无固实,约之以命实。约定俗成,谓之实名。"名称本来并没有其固定所指的实际,是人们共同约定它来指称某一实际。合乎约定的,就是实名,否则就是虚名。如把和氏璧叫做"良玉"是真实概念,把它叫做"怪石"是虚假概念。荀子认为,在推理前提和结论中,都使用同一真实概念,才能得到可靠结论。

5. 好名称

荀子提出"制名之枢要":"名有固善。径易而不拂,谓之善名。"名称有好坏之分。通俗易懂而不引起矛盾与混乱的,是好名称。通俗易懂,便于普及,利于流通;不引起矛盾和混乱,才能保证准确表达思想,进行正常交流交际。

有一位老汉,把大儿子叫做"盗",二儿子叫做"殴"。一天大儿子外出,老汉在后边追着喊:"盗!盗!"负责维持秩序的官吏听见,叫人把他的大儿子捆绑起来。老汉想叫小儿子去向官吏解释,慌乱中大叫:"殴!殴!"官吏叫人殴打他的大儿子。因名称用得不好,引起误解和混乱,老汉大儿子"盗"差点丧命。

北齐刘昼《刘子·鄙名》说:名称称谓形体,语言说出名称。形体有巧拙,名称有好丑,语言有善恶。好的名称、语言,听了心里高兴。不好的名称、语言,听了不顺耳。古人给地方和人命名,一定要取好名称。名称不好,有害于实际。过去晋国大夫毕万,名字吉利得福,晋穆侯太子名"仇"得祸。名字好坏和吉凶祸福未必有必然联系,是因为名字中的含义会引起人的爱憎情感。

水名"盗泉",孔子不漱口。邑名"朝歌",颜渊不住下。里名"胜母",曾子不进去。亭名"栢人",汉高帝不住宿而离开("栢人"谐音"迫人":"迫于人"。见《史记·张耳陈余列传》)。为什么?因为名称有不好的意义。由此可见,善恶之义潜藏在名称之中。取名不好,可能会产生弊端。50年前北京搞大型建筑,国务院拨出"周转金",在建国门外建"周转房",用于安置搬迁居民。问:"搬到哪里?"答:"周转房。"居民顾名思义,以为是临时安置,不久还要搬,结果都不愿意搬,致使搬迁进展迟缓。后把"周转房"改名"永安里",取义长期安置,致使搬迁进展顺利。这是"正名"在现实生活中的新例。

6. 按实定量

荀子认为事物有两种情况,应该加以区别。第一种情况,是不同个体,有共同性质。它们虽然可以合用同一个普遍概念来概括,但毕竟是同一类属之下的不同个体。如孔子和孟子都是"儒者",但毕竟是两个不同的"儒者":孔子是儒者的第一个代表人物,孟子是其第二个代表人物。他们有共同点,也有不同点,不能混同。第二种情况,是同一个体,在不同阶段,有不同性质。这种情况叫做"化"(变化)。有变化而实体还是一个,就应该用同一个单独概念。如"青年孔子"、"中年孔子"和"老年孔子",尽管情况有所变化,但毕竟还是同一个"孔子",不能看做不同个体。如果注意这两种情况的区别,根据实际情况来决定名称的数量,叫做"稽实定数"。

荀子提出"制名之枢要",即制定语词、概念的基本原则,这是荀子逻辑学概念论的精华,将其移植于今日逻辑教本,依然正确精彩,是今人思维表达必须掌握的艺术。

三、正名和判断推理

荀子研究逻辑概念论,在一定程度上涉及和判断、推理论的联系。荀子说:"名也者,所以期累实也。辞也者,兼异实之名以论一意也。"名(语词和概念)是对许多事物实质的概括反映。荀子《非相》说:"人之所以为人者,非特以其二足而无毛也,以其有辨也。"《王制》说:"人有气、有生、有知,亦且有义。""人能群。"即人是有道德、有知识、有社会性的动物。这种对人本质的概括,是关于人的概念。辞(语句、判断)是联结"异实之名"(反映不同事物的名称),以表达完整意思。如说"人是有道德的动物"是"辞",其中"人"是"单名","有道德的动物"是"兼名"。

荀子认为名称有累积、联结,构成语句的功能。《正名》说:"名闻而实喻,名之用也。累而成文,名之丽也。用、丽俱得,谓之知名。"听到名称,就能明白所意谓的实际,这是名称的作用。累积名称,构成文句,是名称的配合。会用名称指谓实际,联结名称造成语句,才可以说是知道名称。

荀子说："命不喻然后期。"即给事物命名，还不能使人明白，就加以期会表白，即用语句、判断，揭示概念的内容，这是给概念下定义的方法。如说："人是有道德的动物。"概念是判断内容的浓缩，判断是概念内容的展开。通过下判断，概念内容就能揭示明白。荀子对概念和判断关系的认识有启发意义。

荀子正确阐述名称和语句的认识意义和交际意义。他说："名足以指实，辞足以见极。"即语词贴切地指谓实际，语句恰好说到问题的关键，就是"正其名，当其辞"，即正确的名称，恰当的词句。这是说名称、语句的认识意义。他把名称、语句看做"志义之使"，即表达思想的工具。"白其志义"，"足以相通"是指名称、语句的交际意义。他把不利于认识和交际的花言巧语，叫做"诱其名、眩其辞"，认为这种言词会把人引向邪路，应引为警戒。

荀子列举思维和表达形式的次序是名（语词、概念）、辞（语句、判断）、说（推理）、辩（证明、反驳）。他认为"说"和"辩"是较复杂的形式，其中包含着较简单的形式"名"和"辞"。荀子说："辩说也者，不异实名，以喻动静之道也。期命也者，辩说之用也。"即辩论是用前后一致的真实概念，弄清是非的道理，概念、判断是辩说中应用的要素。如说："人能群。华人是人。所以，华人能群。"这是推理，它由概念、判断组成，其中每一概念出现的前后意思一致。荀子的推理论，在概念论基础上展开。

荀子说："推类而不悖。"即推理中所用的类概念，要前后一致，不矛盾，是同一律、矛盾律的要求。他说："辩则尽故。"指证明、反驳要全面列举理由。荀子说"持之有故"，即持论有充足理由，"言之成理"即言论顺理成章，自圆其说，是充足理由律的要求。"持之有故，言之成理"被作为成语流传，成为规范思维表达的一般原则。

四、正名和华夏一统

荀子的概念论同语言论密切结合。篇名"正名"，不仅要探讨概念的性质、种类和相关逻辑推演，还包含提倡语言规范化、促进华夏大一统的政治用意。荀子盛年距秦统一中国为期不远。当时秦统一中国的大势已初露端倪。荀子近50岁时应邀到秦国考察政治、军事、地理和民俗。秦相范雎问荀子入秦的观感，荀子称秦国自然条件优越，百姓纯朴，官吏廉洁，大夫不结党营私，朝廷治国有方，必然在未来大一统中占据优势。荀子《正名》，以儒家智者身份,为未来统一中国的王者制定语言规范化的蓝图。

荀子看到语言规范化是促进华夏大一统的重要因素。《正名》开篇建议未来统一中国的王者应有一套标准名称:刑法的名称根据商朝;等级的名称根据周朝;礼节的名称根据《礼经》;一般事物的名称,根据华夏文化发达地区的普遍约定,边远不同风俗的地区,则据此沟通了解。

荀子编制了一份有关人的一般语词目录。性(本性):人天生的本性,也指本性所产生,精神和事物相接触、相感应,不经过人为的自然性质。情(感情):人的本性好、恶、喜、怒、哀、乐。虑(思虑):心智对感情的选择判断。伪(人为):人的官能根据思虑的判断而行动,也指积久的思虑和官能行动的习惯所形成的规范。事(事业):符合功利的行为。行(德行):符合道义的行为。知(认识能力):人所固有的认识事物的才能。智(知识):人的认识能力接触外界所获得的认识。能(本能):人天生所固有的本能,也指人的本能发挥作用而获得的效果(效能)。病(残疾):本性所受的损伤。命(命运):各种条件巧合所带来的遭遇。这是语言规范化的尝试,是为未来统一中国的王者提供参考范本。荀子劝诫未来王者,应颁行规范名称,谨慎率领百姓走向一统,这种思想有合理价值。

五、正名和逻辑接轨

中国近代著名的西方逻辑翻译家严复,致力于中国传统"正名"论和西方逻辑的接轨,以促进国人思维表达的精确化。

严译《名学浅说》说:"夫名学为术,吾国秦前必已有之。""盖惟精于名学者能为明辩以晰"。严译逻辑学为"名学",概念为"名",判断为"辞"。严译《穆勒名学》部甲篇一第一节,原著原意是"为什么名称理论是逻辑学的必要部分",严复借用孔子"君子于其言,无所苟而已矣",意译为"论名之不可苟"。严复借孔子的"正名"说,开宗明义说:"言名学者深浅精粗虽殊,要皆以正名为始事。"《名学浅说》第29节说:"治名学,第一事在用名不苟。即有时与人辩理,亦须先问其所用名字界说云何。"

严复的正名论,针砭时弊,他说:"科学入手,第一层工夫便是正名。""既云科学,则其中所用字义,必须界线分明,不准丝毫含混。""科学名词,涵义不容两歧,更不容矛盾。""孔子曰:'必也正名乎!'未有名义含糊,而所讲事理得明白者。"科学"用一名义必先界释明白",运用定义("界说")

方法。严复认为中文名义更需在通晓"文理"(文章条理,上下文,语境,语构)的基础上辨识,"读者必合其位与义而审之,而后可得"(《穆勒名学》部甲第二按语)。"位"指语词所在的语句、上下文的位置。"义"即语义、概念。须从语法(语形、语构)和语义的联系上来确定词类性质。

严译《名学浅说》第 30 节列举现实生活实例:"即如中国老儒先生之言'气'字。问人之何以病?曰:'邪气内侵。'问国家之何以衰?曰:'元气不复。'于贤人之生则曰'间气'。见吾足忽肿则曰'湿气'。他若'厉气','淫气','正气','余气','鬼神者二气之良能',几于随物可加。今试问先生所云气者,究竟是何名物,可举似乎?吾知彼必茫然不知所对也。然则,凡先生所一无所知者,皆谓之'气'而已。指物说理如是,与梦呓又何以异乎!他若'心'字、'天'字、'道'字、'仁'字、'义'字,诸如此等,虽皆古书中极大、极重要之立名,而意义歧混百出,廓清指实,皆有待于后贤也。"严复称自己著译,"一名之立,旬月踟蹰","字字由戥子称出"。①

严复是正名的热心提倡者,也是积极实行者。严复对古今中西逻辑理论和应用贯通接轨的尝试,对当今逻辑研究有启发意义。

诗咏"澄清三惑:名正言顺":

> 世上诡辩数不尽,荀子巧驳一扫清。
> 打尽诡辩一面网,智者逻辑攀高峰。
> 第一用名以乱名,第二用实以乱名。
> 第三用名以乱实,名正言顺思路清。

---

① 严复:《严复集》,北京:中华书局 1986 年版,第 1247、1280、1290、1285、969、1322、1243 页。

第三章 命题技艺

第一节 孤犊有母：模态命题

一、辩论故事

《列子·仲尼篇》载公孙龙的追随者魏牟与乐正子舆辩论"孤犊未尝有母"的论题。战国时魏公子牟，封于中山，叫中山公子牟。他喜欢结交才士，尤喜欢结交名家代表公孙龙。乐正子舆嘲笑魏牟。魏牟说："我喜欢公孙龙，你们为什么嘲笑呢？"子舆说："公孙龙为人，行动没有老师，做学问没有朋友；喜欢巧辩，不合道理；思维散漫，不成系统；爱好怪诞，胡言乱语；迷惑人心，折服人口，与辩者韩檀等人混在一起。"

魏牟变脸说："你怎么这么形容公孙龙的过错？请您举出证据。"子舆说："我笑公孙龙欺骗孔穿。公孙龙还欺骗魏王，论证'孤犊未曾有母'，混淆事物类别，违反常理，例子不胜枚举。"魏牟说："公孙龙的高深道理，你没有弄懂，却误以为荒谬，真正荒谬的是你自己。孤犊未曾有母，如果有母，就不叫孤犊。"乐正子舆说："你把公孙龙的奇谈怪论，看作条条是道，是非颠倒，黑白不分。"魏牟沉默很久，告辞说："请再等几天,我跟你辩论!"①

《庄子·天下》载,诡辩家公孙龙提出"孤驹未尝有母"等诡辩论题,与惠施辩论,迷惑人心,搞乱思想,使人口服,而心不服。"孤驹未尝有母"与"孤犊未尝有母"类似,区别是一个说马驹,一个说牛犊。未尝有母:从来无母。未尝:未曾。尝:曾经。

《经下》第 161 条说:"可无也,有之而不可去,说在尝然。"《经说下》解释说:"已然,则尝然,不可无也。"《经下》第 149 条说:"无不必待有,说在所谓。"《经说下》解释说:"若无马,则有之而后无。无天陷,则无之而无。"

即一件事情可以是"无"(从来没有),但是一旦有了(发生了),就不能把它从历史上抹掉(有之而不可去),因为它确实曾经发生过。所谓"已然"(已经如此),就是"曾经发生过"(尝然),不能说"没有发生过"(不可无也)。"无"不以"有"为必要条件,这里就看你说的是哪种"无"。如说:"我现在无马了。"这是指过去曾经有马,而后来无马(有之而后无)。又如说:"没有天陷(天塌下来)这回事。"这是指从来就没有(无之而无)。"杞人忧天"(怕天塌陷下来),是多余的顾虑。

"孤驹未尝有母"的诡辩手法是混淆不同的时间模态。说是"孤驹"就是说"现在无母",而"现在无母"不等于"过去无母"。既然说是"驹"就是说它"曾经有母",而不能由"现在无母"推出"未尝有母"(未曾有母,从来无母)。这正是"有之而不可去","已然则尝然,不可无也"的一例。以"现在无母"的事实抹煞"过去曾经有母"的另一事实,是混淆和偷换概念。

魏牟为公孙龙的诡辩论证说:"孤犊未尝有母,有母,非孤犊也。"即既然叫做"孤犊",那就应该是"无母"。这是从"孤驹"、"孤犊"的现在无母,推论从来无母,是混淆现在与过去的不同时态,把现在时态,篡改为全时态(所有时态),以局部代替整体。《列子·仲尼篇》载乐正子舆说公孙龙用

---

① 《列子·仲尼篇》:中山公子牟者,魏国之贤公子也。好与贤人游,不恤国事,而悦赵人公孙龙。乐正子舆之徒笑之。公子牟曰:"子何笑牟之悦公孙龙也?"子舆曰:"公孙龙之为人也,行无师,学无友,佞给而不中,漫衍而无家,好怪而妄言,欲惑人之心,屈人之口,与韩檀等肆之。"公子牟变容曰:"何子状公孙龙之过欤?请闻其实。"子舆曰:"吾笑龙之诒孔穿。"曰:"龙诳魏王曰:'孤犊未尝有母',其负类反伦,不可胜言也公子。"牟曰:"子不谕至言而以为尤也,尤其在子矣。孤犊未尝有母,有母非孤犊也。"乐正子舆曰:"子以公孙龙之鸣皆条也,设令发于余窍,子亦将承之。"公子牟默然良久,告退,曰:"请待余日,更谒子论。"

"负类反伦"（混淆类别,违反常理）的诡辩,欺骗魏王,如他对"孤犊未尝有母"诡辩论证,是混淆不同时间的模态命题。

墨家澄清公孙龙的诡辩,精心研究命题理论,对或然、实然、必然、主观、客观等模态命题,以及假言命题,命题和判断的要求等,都有独到论述,对今人思维表达有重要借鉴意义。

二、模态命题

1. 或然命题

在事物过程发生之前,断定它有可能发生,用将来时模态词"且"（将、将要）,即《经说上》所说的"自前曰且"。这相当于或然命题（可能命题）。《小取》有如下推论式:

A. 且入井,非入井也。止且入井,止入井也

语译:"将要入井"的可能性,不等于"入井"的现实性,阻止"将要入井"的可能性,等于阻止"入井"的现实性

B. 且出门,非出门也。止且出门,止出门也

语译:"将要出门"的可能性,不等于"出门"的现实性,阻止"将要出门"的可能性,等于阻止"出门"的现实性

C. 且夭,非夭也。寿且夭,寿夭也

语译:"将要夭折"的可能性,不等于"夭折"的现实性,阻止"将要夭折"的可能性,等于阻止"夭折"的现实性（采取措施,使"将要夭折"的人长寿,相当于使"夭折"的人长寿）

在推论式 A 中,"且入井"（将要入井）,表示"入井"的可能性（或然性,或然命题）,它不等于"入井"（现实性,实然命题）。采取措施,阻止"且入井"的可能性（如拉住将要入井的人,或盖住井口）,则不会出现"入井"的现实性。

同理,在推论式 B 中,"且出门"（将要出门）,不等于"出门"。采取措施,阻止"且出门"的可能性（如拉住将要出门的人,或把门关上）,则不会出现"出门"的现实性。

在推论式 C 中,"且夭"（将要夭折）,不等于"夭"（夭折）。采取措施,阻止"且夭"的可能性（如为将要夭折的人治好病,改善营养状况和卫

生条件),使"且夭"的人有:"寿"("寿且夭"),就等于"寿夭"(使夭折的人有寿)。

令一事实(如"入井"、"出门"、"夭")为 P,这 P 就是一个实然命题。而可能 P,则为一个或然命题。实然命题 P,比或然命题"可能 P"断定的多,所以在模态命题的对当关系中 P 处于上位,"可能 P"处于下位。根据模态命题对当关系的规律,断定下位命题真,则上位命题真假不定。可能 P 真,则 P 真假不定。可能 P,不等于 P。于是,"且入井,非入井"、"且出门,非出门"和"且夭,非夭"成立。而断定下位命题假,则可断定相应的上位命题假,即如下公式成立:

$$\neg \Diamond P \rightarrow \neg P$$

读作:如果并非可能 P,则并非 P。于是,"止且入井,止入井也"、"止且出门,止出门也"和"寿且夭,寿夭也"成立。这里三个推论式,从模态逻辑的规律看,是正确的。可见古代百家争鸣和辩论是墨家提出和发展中国古代逻辑理论的动因、动力与资料来源。

2. 实然命题

"实然"即确实如此,实然命题反映确实发生的事实。用过去时间模态词"已"(已经)、"已然"(已经如此)或"尝然"(曾经如此)表达确实发生的事实,即实然命题。《墨经》讨论了用过去时模态词"已"表示的实然命题。《经上》第 77 条说:"已:成;无。"《经说上》解释说:"为衣,成也。治病,无也。""已"(已经)是表示过去时、完成式的时间模态词。模态是英文 mode 的音译,是一种特殊的命题形式,表示断定的程度、样式、方式。《墨经》研究了古汉语中模态词的性质和用法。过去时模态词"已"的用法有两种:一种是表示建设性的,如说,已经制成一件衣服;一种是表示破坏性的,如说,已经消除了病根。

《墨经》仔细研究了过去时的实然性质。《墨经》定义了时间模态词"且"。《经上》第 33 条说:"且,言然也。"《经说上》解释说:"自前曰且,自后曰已,方然亦且。""且"是表述事物存在状况和样式("然")的。且有两种基本用法,一是在事物发生之前说"且",相当于现代汉语"将"、"将要",表将来时态,是或然命题(可能命题)。二是在事物发生过程中说"且",相当于现代汉语"正在"、"刚刚",表现在时态,是实然命题。"已"("已然"、"尝然"),相当于现代汉语"已经"、"曾经",表过去时态,也是实然命题。

在一事物过程已经完成之后来表述它,使用过去时间模态词"已"("自后曰已")。

在一事物发生过程中来表述它,可以使用现在时间模态词"方"或"且",即《经说上》所谓"方然亦且"。"方"即"开始"、"正在"。"国家方危",可以说"国家且危"。"日方中方睨,物方生方死",可以说"日且中且睨,物且生且死"。

辩者"卵有毛"诡辩的成因,是混淆可能性和现实性的不同模态。晋司马彪解释说:"胎卵之生,必有毛羽。""毛气成毛,羽气成羽。虽胎卵未生,而毛羽之性已著矣。故曰卵有毛也。"这是从卵有变毛的可能性,而说"卵有毛"的现实性,是混淆可能性和现实性的谬误论证。可能性是事物现象出现之前所具有的某种发展趋势,用或然命题(可能命题)表示。现实性是可能性的实现,是存在的事实,用实然命题表示。这是两种不同的模态,不能混淆。《墨经》的逻辑对此作了明确区分。"卵有毛"的可能性≠"卵有毛"的现实性,即:

$$可能\ P \neq P$$

读作:"可能 P"不等于"P"。"可能 P"和"P"两个命题的关系,是从属(差等)关系,"可能 P"真,"P"命题真假不定,其间不是等值关系。

3. 必然命题

《经下》第 132 条说:"无说而惧,说在弗必。"《经说下》解释说:"子在军,不必其死生。闻战,亦不必其死生。前也不惧,今也惧。"

如下推论不成立:"所有军人都必死,所以,所有军人都死,所以并非有军人不死。"

如下推论成立:"有军人不死,所以,并非所有军人都死,所以,并非所有军人都必死。"

墨家用这种负必然命题及其推论,对参加防御战争的军人父母做工作,希望他们不要为参军和参战的儿子担心恐惧,认为这种担心恐惧是没有根据的。《小取》说:"以说出故。""说"即有根据的推论。这是由于不具有全称性而得出负必然命题的例子。

必然命题的否定(负必然命题)叫做"不必"、"非必"或"弗必"。对一类事物而言,如果不具有全称的意义或全时间性的意义,那就不能说是"必",就是"不必"、"非必"或"弗必"。

必然命题带有必然模态词"必"。《墨经》指出,必然命题的论域,如果涉及一类事物,则带有全称性和全时间性(贯穿于过去、现在和将来三个时态)。《经上》第52条说:"必,不已也。"《经说上》解释说:"谓一执者也。若弟兄。一然者,一不然者,必不必也,是非必也。"当必然命题涉及一类事物时,"必然"蕴涵着"尽然"(所有个体都是如此,即全称)。如果是"一然者,一不然者"(有是这样的,有不是这样的),即"不尽然",那就一定不是"必然",而是"非必然"。下列两公式成立:

$$所有 S 必然是 P \rightarrow 所有 S 是 P \rightarrow 并非有 S 不是 P$$

读作:如果"所有 S 必然是 P",那么"所有 S 是 P",那么"并非有 S 不是 P"。

$$有 S 不是 P \rightarrow 并非所有 S 是 P \rightarrow 并非所有 S 必然是 P$$

读作:如果"有 S 不是 P",那么"并非所有 S 是 P",那么"并非所有 S 必然是 P"。"必然"除了具有"尽然"即全称性以外,还具有全时间性,即作为一种永不停止的趋势而贯穿于过去、现在和将来三种时态。

"不已",即不停止。"一执",即维持一种趋势,永不改变。如说:"有弟必有兄。"这对所有场合,都是如此(全称性),并且对任何时刻,都是如此(全时间性)。《经说上》第88条说:"二必异。"(只要是两个事物,必然相异)

《经说下》第164条说:"行者必先近而后远。"(走路的人,必然是先近后远)"民行修必以久。"(人走一定长度的路,必然要用时间)这些都是对任何场合和时间都适用的必然命题。

同样,如不具有全时间性,也会得出负必然命题。已知过去和现在"凡人都有死",假如将来有一天,可以研究出一种办法,使自己不死,那么"凡人必有死"这种必然性,也就可以推翻。根据科学原理,可以断言,将来任何时刻,也不会做到长生不老。所以"凡人必有死",是既有全称性,又有全时间性的正确必然命题。

林肯名言:"你可以一时欺骗所有人,也可以永远欺骗某些人,但不可能永远欺骗所有人。""可以一时欺骗所有人":全称+非全时=或然、可能。"可以永远欺骗某些人"=特称+全时=或然、可能。"不可能永远欺骗所有人"=全称+全时=必然。不可能=必然不:不可能永远欺骗所有人=必然不能永远欺骗所有人。

祈使句主观或然模态和客观必然模态,有必和不必的区分。《经上》第

78 条说："使：谓；故。"《经说上》解释说："令、谓，谓也，不必成。湿，故也，必待所为之成也。""使"有两种含义。一种含义是指使，即甲用一个祈使句命令或指谓乙去干某件事，仅仅由于这种主观指使，乙"不必成"，即不必然成功。

如甲命令乙："你必须把丙杀死！"这种祈使句中的"必"实际上只表达甲主观上的杀人意图，并不构成乙杀死丙的充分条件。即尽管甲有这种主观上的杀人意图，乙也可能由于主观或客观原因，而没有把丙杀死。所以，不能仅仅用甲的这一祈使句，给乙定杀人罪。第二种含义是原因，相当于充分条件，即如果 P 必然 Q。如天下雨，必然使地湿。所以说："湿，故也，必待所为之成也。"

这是用必和不必，区分祈使句主观或然模态和客观必然模态的不同性质。祈使句的主观或然模态，是"不必成"，即为负必然命题"不必"。在模态命题的等值关系中，"不必然 P"等值于"可能不 P"。如"乙不必然杀死丙"，等值于"乙可能没有杀死丙"。客观必然模态是"必成"，即如果 P 必然 Q。如下雨必然地湿。祈使句主观或然模态和客观必然模态有原则区别。墨家明确认识这种区别，是模态逻辑的古代萌芽。

三、荀子的模态逻辑

《荀子·性恶》说，"途之人可以为禹则然，途之人能为禹，未必然也。""足可以遍行天下，然而未尝有能遍行天下者也。夫工匠农贾未尝不可以相为事也，然则未尝能相为事也。用此观之，然则可以为，未必能也。""然则能、不能之与可、不可，其不同远矣。"这是荀子的模态逻辑。

荀子分三组，分析模态命题的典型案例。

第一组："途之人可以为禹则然，途之人能为禹，未必然也。"这一组又细分为：

"途之人可以为禹"，即"路人可能为禹"：可能 P，或然命题。

"途之人能为禹"，即"路人能为禹"：能 P，实然命题。

"未必然也"，即"并非路人必然能为禹"：并非必然 P，等值于"路人可能不为禹"：可能不 P。

荀子说的"可以"，指或然 P，可能 P。"能"，指实然 P。"未必然"，指"并非必然 P"，等值于"可能不 P"。

第二组："足可以遍行天下,然而未尝有能遍行天下者也。"这一组又细分为:

"足可以遍行天下",即"足可能遍行天下":可能 P,或然命题。

"然而未尝有能遍行天下者也",即"并非足能遍行天下",并非实然 P,实然命题的否定,负实然命题。

"并非足必然能遍行天下",并非必然 P,必然命题的否定,负必然命题。

第三组："夫工匠农贾未尝不可以相为事也,然则未尝能相为事也。"这一组又细分为:

"工匠农贾未尝不可以相为事也,即"工农商可能互相交换做事":可能 P,或然命题。"相为事":互相交换做事。

"然则未尝能相为事也",即"并非工农商能互相交换做事",并非实然 P,实然命题的否定,负实然命题。

"并非工农商必然能互相交换做事",并非必然 P,必然命题的否定,负必然命题。

荀子在分析以上几组模态命题典型案例的基础上,总结这些命题间的逻辑关系,构成逻辑规律:"用此观之,然则可以为,未必能也。""然则能、不能之与可、不可,其不同远矣。"这分以下两点:

"可以为,未必能也",指可能 P,可能非 P,并非必然 P。用古汉语表达模态逻辑的公式:"或然(可能)P"不等于"实然 P",不等于"必然 P"。即"或然(可能)P"的模态断定程度,弱于"实然 P"和"必然 P"。

"能、不能之与可、不可,其不同远矣",指实然 P、实然不 P 和可能 P、可能不 P 有很大不同。用古汉语表达模态逻辑的公式:"实然 P"、"实然不 P"的模态断定程度,强于"或然 P"、"或然不 P"。唐杨倞《荀子》注说:"工贾可以相为,而不能相为,是'可'与'能'不同也,'可'与'能'既不同,则终不可以相为也。"这是说"或然 P"的模态断定程度,弱于"实然 P",工商可能相互交换做事,但始终做不到,不可能做到。

荀子模态命题对照,见表 3。

LOGIC

表 3　荀子模态

公式	可能 P	能 P	必然能 P
名称	或然命题	实然命题	必然命题
荀子公式	可以为	能为	必然能为
荀子案例	路人可能为禹	路人能为禹	路人必然能为禹
	足可能遍行天下	足能遍行天下	足必然能遍行天下
	工农商可能相为事	工农商能相为事	工农商必然能相为事

这说明荀子对模态命题区分及其逻辑关系的理解,与西方和现代逻辑一致。

湘西凤凰古城杨家祠堂戏台,有如下对联:

想当年那段情由未必如此

看今日这般光景或然有之

从现代模态逻辑说,真值判定"未必如此",即"并非必然 P",公式是:¬□P。"或然有之",即"可能 P",公式是:◇P。又因:

并非必然 P = 可能非 P

公式是:¬□P = ◇¬P

读作:"并非必然 P"等值于"可能非 P"

"可能非 P"与"可能 P"相容,可以同真,公式是:◇¬P 与◇P 相容,可以同真。所以,"未必如此"与"或然有之"相容,可以同真,即"并非必然 P"与"可能 P"相容,可以同真,公式是:¬□P 与◇P 相容,可以同真。这是模态命题对当关系中,上位假、下位真的情况。上述对联,涉及模态命题的真值判定,同荀子"可以为,未必能"的模态逻辑规律一样,从现代模态逻辑规律考察,是正确的。

诗咏"孤犊有母:模态命题":

孤驹曾经有母亲,称孤是因现无母。

实然命题说事实,事实是有不是无。

或然命题说可能,可能是也可能不。

必然命题说规律,全类一贯反例无。

第二节　假者不然：假言命题

一、辩论故事

《鲁问》载，墨子同彭轻生子辩论。辩题："未来可否预知?"彭轻生子说："过去的事情可以知道，未来的事情无法知道。"墨子说："假如你的双亲在百里外，遇到危难，只有一日期限，你能赶到就能活，你不能赶到就会死。现在这里有坚车好马，也有劣马方轮车，让你选择，你将乘哪一种?"彭轻生子回答："坐坚车好马，可以快些赶到。"墨子说："既然这样，怎么能说无法知道未来呢!"[①]

这是从假设和事实推论，证明正方墨子"未来可预知"（来者可知）的论点。借：凭借、假借、假设、假使、假定。假：可指虚假，也可指假设。《淮南子·主术训》："故假舆马者，足不劳而致千里。"《列子·杨朱篇》："假济，为之乎?"《史记·司马相如传》："借此蜀父老为辞。"《汉书·贾谊传》："假设陛下居齐桓之处，将不合诸侯，而匡天下乎?"这都指假设。

"假"是中国古代逻辑术语，相当于假言命题或假说。《小取》说："假者，今不然也。"假设是表示与当前事实不符合的假定、设想。以假设为条件可引出一定结果，断定条件和结果间关系的命题称假言命题。产生一定结果的条件通常叫原因，中国古代逻辑术语叫"故"。"故"，从事物方面说指原因，从逻辑上说指理由、根据。

《经上》第1条说："故，所得而后成也。"《经说上》举例解释说："小故：有之不必然，无之必不然。体也，若尺有端。大故：有之必然，无之必不然。若见之成见也。""故"（原因），得到它，能形成一结果。"小故"（原因中的部分要素，即必要条件）：有它，不一定有某一结果，没有它，一定没有某一结果。"大故"（形成某一结果的原因，相当于充分必要条件）：有它，一定有某一结果，没有它，一定没有某一结果。如看见的原因（条件）具备，则看见就变为事实。

---

① 《墨子·鲁问》：彭轻生子曰："往者可知，来者不可知。"子墨子曰："借设尔亲在百里之外，则遇难焉，期以一日也，及之则生，不及则死。今有固车良马于此，又有驽马四隅之轮于此，使子择焉，子将何乘?"对曰："乘良马固车可以速至。"子墨子曰："焉在不知来?"

LOGIC

"小故",是"无之必不然","非彼必不有",即"没有前件,一定没有后件"(没有 P,一定没有 Q)。这里,"之"、"彼"代表前件,"然"、"有"代表后件。其公式是:

$$\neg P \rightarrow \neg Q$$

读作:非 P 则非 Q。"有之不必然",相当于非充分条件,即"有前件,不一定有后件"("有 P,不一定有 Q")。其公式是:

$$P \wedge \neg Q$$

读作:P 并且非 Q。墨家把"小故"叫"体因",即部分原因。《经说上》举例说:"若(尺)有端"。尺是直线,端是点。即有点不一定有直线,没有点一定没有直线。"小故"即必要条件假言命题,在现代汉语中常用联结词是"只有,才"。

胡锦涛 2006 年 1 月 9 日在全国科学技术大会上发表题为《坚持走中国特色自主创新道路,为建设创新型国家而努力奋斗》的讲话,他说:"只有把科学技术真正置于优先发展的战略地位,真抓实干,急起直追,才能把握先机,赢得发展的主动权。"其中包含必要条件假言命题:只有把科技置于优先发展地位才能赢得主动权。等值于:没有把科技置于优先发展地位就不能赢得主动权。

1941 年太平洋战争爆发,日军诱骗台湾少数民族居民 2 万多人成立"高砂义勇队",赴南洋作战,生还不足 1/3,战死者灵位被放到供奉着日本甲级战犯灵位的靖国神社。2005 年 6 月 13 日,台湾泰雅族政治活动家高金素梅率领台湾高砂义勇队遗族"还我祖灵行动"代表团 3 年内 7 次赴日本讨公道。面对日本右翼势力的威胁,高金素梅说:只有行动,才有尊严。等值于:没有行动,就没有尊严。必要条件假言命题对照,见表 4。

表 4　必要条件

名称	必要条件
墨经公式	无之必不然 非彼必不有
现代解释	没有前件一定没有后件 没有 P 一定没有 Q $\neg P \rightarrow \neg Q$ 非 P 则非 Q
墨经用例	没有点,就没有直线
胡锦涛用例	没有把科技置于优先发展地位,就不能赢得主动权
高金素梅用例	没有行动,就没有尊严

"大故"是"有之必然,无之必不然"。即有前件,一定有后件,没有前件,一定没有后件。或:有P,一定有Q,没有P,一定没有Q。这相当于充分且必要条件。它是必要条件的集合,相对于必要且非充分条件被叫做"体因"来说,可以把"大故"这种充分且必要条件叫做"兼因"。在《墨经》中,"体"是与"兼"相对范畴。有健全视力、一定光线、被看对象以及对象同眼睛一定距离等必要条件的集合,可构成见物的充分且必要条件。"大故"即充分必要条件假言命题。在现代汉语中的联结词是"当且仅当"="如果,那么"和"只有,才"二者的合并。

《科学时报》2005年11月7日报道,著名物理学家、诺贝尔奖获得者李政道说:"只有重视基础科学研究,才能永远保持自主创新的能力。谁重视了基础科学研究,谁就掌握有主动权,就能自主创新。"其中包含充分必要条件假言命题:"永远保持创新能力,当且仅当重视基础科学研究。"充要条件假言命题对照,见表5。

表5 充要条件

名称	充分且必要条件
墨经公式	有之必然,无之必不然
现代解释	有前件一定有后件,没有前件一定没有后件 有P一定有Q,没有P一定没有Q $(P\rightarrow Q)\wedge(\neg P\rightarrow\neg Q)$ 如果P则Q并且如果非P则非Q
墨经实例	见物条件完全具备,一定能见物;见物条件不完全具备,一定不能见物
李政道用例	永远保持创新能力,当且仅当重视基础科学研究

拟似假言 "有之必然"的充分条件假言命题,在现代汉语中常用联结词"如果,那么"(="如果,则";"若,则")。如:"如果下雨,那么地湿。"这是"有之必然"的充分条件假言命题,性质是"有前件则有后件"。但是,有时用"如果,那么"联结的语句,不具有事实上的前后件因果、条件关系,是拟似、虚假的因果、条件关系。一网站介绍西方"情人节的习俗":

> 每年2月14日的"情人节",清早一起床你就该从钥匙孔向外窥探。如果你所看到的第一个人是在独行,那么你当年就会独身;如果你看到两个或更多的人同行,那么你当年肯定会觅得情人;如果你看

到一只公鸡和一只母鸡的话,那你就会在"圣诞节"以前结婚。若能看见一对鸽子或一对麻雀也有同工之妙。单身汉们对"情人节"早晨所遇到的第一个人格外关注,因为如果你未婚而且正在寻觅伴侣,你注定要与 2 月 14 日所见到的第一个人结婚。

这里用"如果,那么"("如果,则")联结的若干复合语句,是拟似、虚假的因果、条件联系,不是真实的因果、条件联系。如说:"未婚正在寻觅伴侣的单身汉们,注定要与 2 月 14 日'情人节'早晨所遇到的第一个人结婚。"这是拟似、虚假的假言命题,不能信以为真,付诸行动。

诗咏"假者不然:假言命题":

> 借设尔亲百里外,假舆马者致千里。
>
> 假设就是今不然,因果探索有逻辑。
>
> 无之必不为必要,有之必然是规律。
>
> 所得后成是原故,原故化为推论据。

第三节 听话听声:言意之辨

一、阿庆嫂名言

阿庆嫂的名言"听话听声,锣鼓听音",出自京剧《沙家浜·智斗》:

阿庆嫂　胡司令,参谋长,吃点瓜子啊。

胡传魁　好……(喝茶)

阿庆嫂　这茶吃到这会儿,刚吃出味儿来!

胡传魁　不错,吃出点味儿来了。——阿庆嫂,我跟你打听点事。

阿庆嫂　哦,凡是我知道的……

胡传魁　我问你新四军……

阿庆嫂　新四军?有,有!(唱西皮摇板)司令何须细打听,此地驻过许多新四军。

胡传魁　驻过新四军?

阿庆嫂　驻过。

胡传魁　有伤病员吗?

LOGIC

阿庆嫂　有！（接唱西皮流水）还有一些伤病员，伤势有重又有轻。

胡传魁　他们住在哪儿？

阿庆嫂　（接唱）我们这个镇子里，家家住过新四军。就是我这小小的茶馆里，也时常有人前来吃茶、灌水、涮手巾。

胡传魁　（向刁德一）怎么样？

刁德一　现在呢？

阿庆嫂　现在？（接唱）听得一声集合令，浩浩荡荡他们登路程！

胡传魁　伤病员也走了吗？

阿庆嫂　伤病员？（接唱西皮散板）伤病员也无踪影，远走高飞难找寻！

刁德一　哦，都走了?!

阿庆嫂　都走了。要不日本鬼子"扫荡"了三天，把个沙家浜像蓖头发似地蓖了这么一遍，也没找出他们的人来！

刁德一　日本鬼子人地生疏，两眼一抹黑。这么大的沙家浜，要藏起个把人来，那还不容易吗！就拿胡司令来说吧，当初不是被你阿庆嫂在日本鬼子的眼皮底下，往水缸里这么一藏，不就给藏起来了吗！

阿庆嫂　噢，听刁参谋长这意思，新四军的伤病员是我给藏起来了。这可真是呀，听话听声，锣鼓听音。照这么看，胡司令，我当初真不该救您，倒落下话把儿了！

胡传魁　阿庆嫂，别……

阿庆嫂　不……

胡传魁　别别别……

阿庆嫂　不不不！胡司令，今天当着您的面，就请你们弟兄把我这小小的茶馆，里里外外，前前后后，都搜上一搜，省得人家疑心生暗鬼，叫我们里外不做人哪！（把抹布摔在桌上，掸裙，双手一搭，昂头端坐，面带怒容，反击敌人）

胡传魁　老刁，你瞧你！

刁德一　说句笑话嘛，何必当真呢！

胡传魁　哎，参谋长是开玩笑！

阿庆嫂　胡司令，这种玩笑我们可担当不起呀！（进屋）

这里,伪"忠义救国军"参谋长刁德一说:"日本鬼子人地生疏,两眼一抹黑。这么大的沙家浜,要藏起个把人来,那还不容易吗!"是演绎推理的前提,而省略结论:"新四军伤病员藏在沙家浜很容易。"

刁德一说:"就拿胡司令来说吧,当初不是被你阿庆嫂在日本鬼子的眼皮底下,往水缸里这么一藏,不就给藏起来了吗!"是类比推论的前提,而省略结论:"新四军伤病员也可能被阿庆嫂在日本鬼子眼皮底下藏在沙家浜。"

阿庆嫂说"听话听声,锣鼓听音",意为听别人说话,善于听出对方言词的深层含义和特定语境的语用含义,犹如听锣鼓声,善于听出敲击者表达的用意、意境。阿庆嫂指出刁德一言词的深层含义,被省略的推论结论是:"新四军的伤病员是我给藏起来了。"然后联系特定语境的语用含义:"照这么看,胡司令,我当初真不该救您,倒落下话把儿了!"巧妙利用伪"忠义救国军"司令胡传魁和刁德一的矛盾,将了胡传魁一军。

中国新闻网 2006 年 1 月 26 日引 12 日《欧洲时报社论》说:

1 月 9 日,中国全国科技大会在北京高调开幕。这是中国在进入新世纪召开的第一次全国科技盛会。会议的关键词在中国元首的长篇讲话中脱颖而出:"建设创新型国家"。这是胡锦涛在提出构建"和谐社会"之际,以极为罕见高调,呼唤科技强国,引起国际关注。

胡锦涛在其讲话中有这样一段:"面对世界科技发展的大势,面对日趋激烈的国际竞争,我们只有把科学技术真正置于优先发展的战略地位,真抓实干,急起直追,才能把握先机,赢得发展的主动权。大量国际经验表明,一个国家的现代化,关键是科学技术的现代化。"听来字字珠玑,堪称是对纵向之历史与横向之现实的准确把握之后对中国发展的正确定位。

但听话听音。胡锦涛的"条件句式":"我们只有把科学技术真正置于优先发展的战略地位"说明,从中央到地方真正做到这个要求,任重道远。这是今后全体中国人在思考未来时,不可回避的首要课题。

胡锦涛所说"急起直追"则说明,中国科技在很多领域还是落后的。这说明中国新一代领导人在"神舟飞天"之后,对中国科技事业的现状的估计,仍然相当冷静。

LOGIC

这是《欧洲时报社论》作者"听话听音",理解胡锦涛"只有才"条件句式假言命题的深层含义。

二、一辩三千年

史载唐焦遂口吃,面对客人不出一言,与李白号为酒友,号称"酒八仙",但醉后却不口吃,应对如流,时人称"酒吃"。唐杜甫《饮中八仙歌》说:"焦遂五斗方卓然(超越寻常),高谈雄辩惊四筵。"后用"高谈雄辩"形容能言善辩。明徐有贞《武功集》卷五诗:"梦想依然见风韵,高谈雄辩近何如?"

战国时期著名的"言意之辩",辩论反方主张"言不尽意",正方主张"言尽意",这一辩论至今仍在继续,可谓一辩三千年,至今未了结。

1. 反方的雄辩:"言不尽意"

《庄子·天道》记载,齐桓公在堂上读书。堂下一位名叫扁的制轮工匠在斫木头,做车轮,忽然放下手中的锥凿,上前问桓公说:"请问桓公您读的书上写了些什么?"桓公说:"写的圣人之言。"轮扁说:"圣人还在吗?"桓公说:"已经死了。"轮扁说:"那么您所读的书,不过是古人的糟魄而已。"桓公曰:"我读书,你做车轮,怎么敢妄加议论? 说出道理,可免你一死。说不出道理,定治你死罪。"

轮扁说:"我就拿我做车轮的事来看:做车轮,榫眼对榫头,偏宽则甘滑易入而不坚,偏紧则苦涩难入而不成。不宽不紧,得之于手,应之于心,口虽不能用语言表达,但是有艺术技巧存于其间。我不能给我的儿子说清楚,我儿子也不能不经自己琢磨,就从我这里传承,所以我已年届70,还得在这里砍削车轮。古人和他们不可言传的意思已经死了。所以我说您所读的书,不过是古人的糟魄而已。"①

宋林希逸《庄子口义》卷五说,庄子"轮扁斫轮"的寓言极为精妙,其妙在于用比喻说明"言不尽意"的命题。庄子说:世人所看重称道的是书。书

---

① 《庄子·天道》:桓公读书于堂上,轮扁斫轮于堂下,释锥凿而上,问桓公曰:"敢问公之所读为何言邪?"公曰:"圣人之言也。"曰:"圣人在乎?"公曰:"已死矣。"曰:'然则君之所读者,古人之糟魄已夫。"桓公曰:"寡人读书,轮人安得议乎? 有说则可,无说则死。"轮扁曰:"臣也,以臣之事观之:斫轮徐则甘而不固,疾则苦而不入。不徐不疾,得之于手,而应于心,口不能言,有数存于其间。臣不能以喻臣之子,臣之子亦不能受之于臣,是以行年七十,而老斫轮。古之人与其不可传也,死矣。然则君之所读者,古人之糟魄已夫。"

不过是记载的语言,语言自有其珍贵之处。语言可珍贵的是意义,意义有其所追随的道理。意义所追随的道理,不能用语言传达。

唐成玄英解释说,"道者言说,书者文字,世俗之人","因书以表意","以为贵重,不知无足可言也"。"所以致书,贵宣于语。所以宣语,贵表于意也。""随,从也。意之所出,从道而来。道既非色、非声,故不可以言传说"。

庄子认为,有形事物的粗糙一面,可用语言表达。无形事物的精妙所在,可用意念想象。抽象的道理,没有形体、颜色、声音,不能用视听认识手段把握。道理的精妙意义,不能用语言穷尽,不能用意念想象。《庄子·知北游》说:道理不能听,能听的不是真道理。道理不能看,能看的不是真道理。道理不能言说,能言说的不是真道理。道理不能议论,能议论的不是真道理。

《易·系辞上》说:"书不尽言,言不尽意。"即书面文字不能完全表达自然语言,自然语言不能完全表达内心深意。三国魏学者荀粲认为精微奥妙的道理,不能用语言表达和用思维把握。王弼在《老子指略》说:有名称,就有分别;有分别,就不会有整体。名言不能反映整体、全貌和真相。这是以语词、概念的相对性为根据,论证"言不尽意",走向极端,认为不言、不名,才不违失常道,远离真相。蒋济、傅嘏和钟会的著作,都以"言不尽意"为立论根据。

"言不尽意"论,指出言词表达意义的局限,对文学创作有重大影响。语言是人类的创造,但表达人类丰富感情和大千世界,显有不足。所以,创作力求达意,既诉诸言内,又寄诸言外,运用启发暗示,唤起读者联想,体味字句外深长的意趣,以收"言有尽,而意无穷"的效果。苏东坡说:"言有尽,而意无穷者,天下之至言也。"欧阳修说:"状难写之景,如在目前;含不心之意,见于言外。"钟嵘《诗品》说:"使味之者无极,闻之者心动,是诗之至也。"东晋大诗人陶渊明《饮酒》诗说:

> 结庐在人境,而无车马喧。
>
> 问君何能尔,心远地自偏。
>
> 采菊东篱下,悠然见南山。
>
> 山气日夕佳,飞鸟相与还。
>
> 此中有真意,欲辩已忘言。

诗作既设法言说,以诗言志,又昭示言外有欲辩真意,表达了"言尽而意未尽"的境界。

"言不尽意"论,强调语言的相对性,有反对绝对主义、独断论的合理一面。但真理向前多走半步,会陷于谬误。极端夸大语言的相对性,会走向相对主义、怀疑论和不可知论。《庄子·天道》说:真正有智慧的人不说话,说话的人并非真正有智慧。《知北游》说:最高明的言论是取消言论,能言善辩不如沉默无语,主张去除言谈辩说。

唐欧阳询《艺文类聚》卷十七载,西晋张韩著《不用舌论》说:"留意于言,不如留意于不言。"把"言不尽意"论发挥到极致:既然"言不尽意",不如"不用舌"说话。《春秋·谷梁传·僖公22年》说:"人之所以为人者,言也。人而不能言,何以为人?"语言是人猿相揖别的一个标志性特征,人如果倒退到"不用舌"、不说话的地步,人将不成其为人。

古希腊也有从辩证法走向诡辩论的案例。列宁说:"辩证法曾不止一次地作过——在希腊哲学史上就有过这种情形——通向诡辩论的桥梁。"[①]亚里士多德说:"如那个闻名已久的赫拉克利特学派克拉底鲁执持的学说,可算其中最极端的代表,他认为事物既如此变动不已,瞬息已逝,吾人才一出言,便已事过境迁,失之幻消,所以他最后,凡意有所指,只能微扣手指,以示其踪迹而已;他评论赫拉克利特所云'人没有可能再度涉足同一条河流'一语说,在他看来,'人们就是涉足一次也未成功'。"[②]

列宁说:"这一点质朴地绝妙地表现在赫拉克利特的一个著名公式(或格言)中:'不可能两次进入同一条河流'——其实(像克拉底鲁——赫拉克利特的学生早就说过的那样)连一次也不可能(因为当整个身体浸到水里的时候,水已经不是原来的了)。""这位克拉底鲁把赫拉克利特的辩证法弄成了诡辩","关于任何东西都不可能说出什么来"。克拉底鲁只"动了动手指头",便回答了一切。[③] 这种认为"万物变动难言说,微扣手指示踪迹"的论调,同张韩的《不用舌论》,可谓异曲同工。

2. 正方回应:"言尽意"

墨家首创"言合于意"、"以辞抒意"、"循所闻而得其意"和"执所言而

---

① 《列宁全集》第22卷,北京:人民出版社1958年版,第302、303页。
② 亚里士多德:《形而上学》,北京:商务印书馆1959年版,第74页。
③ 列宁:《哲学笔记》,北京:人民出版社1956年版,第390页。

意得见"等发挥"言尽意论"的命题,是先秦"言意之辩"中,正方应对"言不尽意"论的第一次高潮。

言合于意 《经上》第 14 条说:"信,言合于意也。"《经说上》解释说:"不以其言之当也。使人视城得金。"可见"信"和"当"有不同的定义,是不同的标准。"信"的定义是"言合于意",即口里说的"言"(语句)符合心里想的"意"(判断),怎么想就怎么说,心口如一,语言和思维一致。"信"是语言准确表达思维,这是发挥语言的表意功能、交际功能的目的和标准。《淮南子·说山训》说:"得万人之兵,不若闻一言之当。""当"的定义是"意合于实",即心里想的"意"(判断)符合客观存在的"实"(实际),事实是什么就怎么想,思维和实际一致。"当"是判断和语句符合实际,这是认识的目的和标准。在墨家经典的语汇里,"当"、"是"、"正"、"真"的含义一致,都是指语言和思维符合现实。"信"不以语句的"当"为必要条件。言、意、实(语言、意义、实际)三者的对应有以下几种不同的情况:第一,判断符合实际,语句符合判断,语句既当且信;第二,判断不符合实际,语句符合判断,语句不当而信;第三,判断符合实际,语句不符合判断,语句可能不信且不当,也可能偶然"当而不信"。例子是:"使人视城得金。"即甲骗乙说:"城门内有金,你到那里能拾到金子。"乙去一看,碰巧拾到金子。这是"判断符合实际",是"当"。实际上甲并不真的知道那里有金子,只是随口胡说。这是"语句不符合判断",是"不信"。这种思考细密精到。

以辞抒意 《小取》说:"以辞抒意。"即用语句、命题抒发、表达意义、判断。"辞",即言,语言、语句、命题。本意是讼词,《周礼·乡士》:"听其狱讼,察其辞。"《说文》:"辞,讼也。""犹理辜也。"又指言辞、言词,《史记·魏公子传》:"一言半辞。"唐欧阳询《艺文类聚·人部·言语》:"《释名》曰:'言,宣也,宣彼此之意也。语,叙也,叙己所欲说述也。'《说文》曰:'直言曰言,论议曰语。'""抒",抒发、表达。《楚辞·九章》说:"发愤以抒情。""意",意义。《荀子·正名》:"天官之意物。"古注:"意,从心、从音。意不可见,因言以会意也。""意"由"心"和"音"两部分构成,表示意为心音,言为心声,用语言表达意义。王充《论衡·书解篇》:"出口为言。"扬雄《法言·问神》:"言,心声也。"宋俞琰《周易集说》卷二十三说:"在心为志(意),出口为言,言,心声也。"清龚自珍说:"言为心声。"朱熹

LOGIC

咏《意》诗:"意乃情专所主时,志之所向定于斯。要须总验心情意,一发而俱性在兹。"

循闻察意、执言辩意 《经上》第 90 至 93 条说:"闻,耳之聪也。循所闻而得其意,心之察也。言,口之利也。执所言而意得见,心之辩也。"这是"循闻察意"、"执言辩意"的方法。言是语句,由说者用"利口"说出,听者用"聪耳"听到。"意"是心智的判断,借助说出的语句,可以察知、辨别语句其所表达的判断,这就是阿庆嫂所说的"听话听声,锣鼓听音"。语句的说出,凭借人的健全发音器官。语句的接受,通过人的健全听觉器官。把握语句中的判断,要依靠心智思维的辩察、分析作用。墨家首创"言合于意"、"以辞抒意"、"循所闻而得其意"和"执所言而意得见"等发挥"言尽意论"的命题,在当前仍有重要影响。

吕不韦发挥"言尽意论"命题说,"言者以喻意","辞者意之表","以言观意",这是"言意之辩"正方迎辩反方"言不尽意"论的又一高潮。

《吕氏春秋·淫辞》记载庄伯身边人的诡辩故事:有一天,庄伯叫父亲"看看太阳",意思是叫他去看看太阳的位置,以确定时间的早晚。父亲对诡辩很感兴趣,故意转移话题说:"太阳在天上!"庄伯怕父亲没理解自己的意思,进而解释说:"看看太阳怎么样了?"意思还是叫他去看看太阳的位置,父亲却再次故意转移话题说:"太阳正圆着呢!"庄伯第三次解释说:"去看看什么时候了。"父亲也第三次转移话题说:"恰恰是现在这个时候。"庄伯叫传令官通知车夫"预备马车"。传令官故意转移话题说:"我没有马。"庄伯叫侍臣把帽子从头顶上"取"下来,侍臣却又"取"来一顶帽子说:"请戴上!"庄伯坐上车子,问养马人:"这马的牙口多少?"意思是问马的年龄,养马人却故意转移话题,回答马牙齿的数目:"12 颗齿(指门牙),共 30 颗牙。"[1]

"荆"是楚国的别名。庄伯是楚国的"柱国",原为保卫国都之官,后为最高武官,地位仅次于令尹,汉高诱注说:"柱国,官名,若秦之有相国。"庄伯府相当于相国府。在楚国的相国府庄伯官邸,父亲、谒者(传达)、涓人(近侍)与圉人(马夫)之间的诡辩,似乎是家常便饭,随手拈来。他们似乎

_____

① 《吕氏春秋·淫辞》:荆柱国庄伯令其父:"视日。"曰:"在天。""视其奚如?"曰:"正圆。""视其时。"曰:"当今。"令谒者:"驾。"曰:"无马。"令涓人:"取冠。""进上。"问:"马齿。"圉人曰:"齿十二与牙三十。"

都染上了诡辩顽症,对巧辞诡辩怀有极大兴趣,把诡辩看成斗智斗嘴的智力和语言的游戏、娱乐,与古希腊智者在贵族宴会上玩弄语言游戏如出一辙。

黑格尔说,"在柏拉图那里,我们也发现有这样的一些开玩笑的、双关的话,用来嘲弄智者们"。"在国王们的宴席上,有哲学家们的聪明的谈话和聚会,他们在互相嘲弄和寻开心。希腊人异常喜爱找出语言中和日常观念中所发生的矛盾"。

斗嘴斗智的轻松诡辩,是王公贵族生活的润滑剂、开胃酒和调料。诡辩的滋生,从反面刺激系统逻辑学的诞生。亚里士多德清理古希腊诡辩,创建远播全球的希腊逻辑。与古希腊相似,中国古代逻辑是名家、辩者诡辩的对立物。战国末,墨、儒、杂等家都苦心思索怎样战胜诡辩。《墨经》逻辑是墨家反诡辩的产物,《荀子·正名》是儒家反诡辩的产物,《吕氏春秋·淫辞》、《离谓》等,是杂家反诡辩的产物。

《吕氏春秋·淫辞》、《离谓》作者,思考怎样解释诡辩,诡辩怎样产生,如何克服诡辩,论述语言指谓性、交际性的语言逻辑理论。《吕氏春秋》把庄伯身边的诡辩故事,看成由"言意相离"导致诡辩的典型案例放到《淫辞》篇,把其中每一问答方式(答非所问、转移话题)看成诡辩。

言意相离 《吕氏春秋·离谓》说:"言者以喻意也。言意相离,凶也。""辞者意之表也。鉴其表而弃其意,悖。""听言者,以言观意也。听言而意不可知,其与桥言无择。"语言的功能,在于表达意义。语言和意义相背离是坏事。语言是表达意义的工具。只根据语言的表面意义,而抛弃其真实语义是荒谬的。听人说话是通过语言观察意义。听到语言如果意义混淆难知,就跟诡辩无异。汉高诱注:"桥,戾也。择犹异。"戾:乖戾、违反。"桥言",即"言意相离"(语言和意义背离),是用语句字面意思,架空偷换具体语境下确定语义的诡辩。齐国人某甲,受雇做别人的保镖,规定主人有危难,保镖应该以死相救。后来主人有危难,某甲没有以死相救,反而临阵脱逃。逃跑途中遇到老朋友。老朋友说:"主人有难,你怎么不以死相救呢?"某甲理直气壮地说:"是的。凡受雇于人,是为了自己的利益,以死相救,对自己不利,所以我要逃跑。"老朋友根据一般规定和通常的道德标准问他:"你这样做,还有脸见人吗?"某甲回答说:"你以为人死了,反而可以看见人吗?"前一"见人"是道德方面的含义(指没脸见人),后一"见人"是生理方面的含义(指人死了,眼睛闭上,不能用眼睛看人)。① 这是用偷换概念的手法进行诡辩。

言心相离 《吕氏春秋·淫辞》说:没有言辞语句,无法相互交际交流。《说文》:"期,会也。"仅听信言辞也会发生混乱。混乱的言辞生出新的混乱,造成恶性循环。语言是思维的表达。语言不违背思维,就接近于理想目标。所有语言都是表达思维的。语言与思维背离,上者无法参考检验,下者语言与行为脱节,行为与语言脱节。语言与行为互相违反是不希望出现的情况。这是说明语言指谓事物、人际交流和引导行为的功能。《吕氏春秋》把语言离开其所指谓的对象和所表达的思想叫"离谓"。《精谕》说:"言者,谓之属也。"语言从属于其所指谓的对象和所表达的思想。"离谓",即语言离开其所指谓的对象和所表达的思想,则徒有其表,会受到诡辩者的任意曲解。阴阳家的著名代表邹衍,曾批评公孙龙子及其门徒"白马非马"之类的诡辩,是"饰辞以相悖","引人声(引用别人的话)使不得及其意"(即言意相离),是有害于大道的"缴言纷争"的根源。司马谈指出,名家即公孙龙子一派"苛察缴绕"(诡辩),"使人不得返其意"(违反别人原意,偷换概念或论题)。这都从语言和对象、思维相背离的角度,指明诡辩的起源和实质。

解决"言意相离""言心相离",即语言和思维、对象脱节,对语言作任意解释的问题,必须从两方面着手。一是说话人应把意思说明白,让人听其言而知其意,不容歪曲篡改。二是听话人应理解说话人话语所指谓的对象和原意,避免"望文生义"和"断章取义"。

语境诀定语义 《吕氏春秋·察传》记载:鲁哀公听到"夔一足"这句话,从字面上理解为"夔这个人天生只有一只脚",感到迷惑不解,于是向孔子请教说:"夔这个人,天生只有一只脚,您相信吗?"孔子解释说,过去舜想借用音乐教化天下,命令重黎(尧时掌管时令的官,后为舜臣)推举人才。重黎从民间把夔举荐给舜,舜叫夔作乐官,于是规范音律,调和五声,贯通八方风俗,天下服从。重黎又想再找一些像夔这样的人。舜说:"音乐是天地的精华,得失的关节。所以只有圣智的人,才能调和音乐的根本。夔能

---

① 《吕氏春秋·离谓》:齐有事人者,所事有难而弗死也。遇故人于途,故人曰:"固不死乎?"对曰:"然。凡事人,以为利也,死不利,故不死。"故人曰:"子尚可以见人乎?"对曰:"子以死为反可以见人乎?"

调和音乐的根本,以教化天下。所以像夔这样的人,有一个就足够了。"所以说"夔一足"(像夔这样的人,有一个就足够了),非"一足"也(并非夔天生只有一只脚)。[1]"夔一足"语句的意义切分有两种可能,一是:"夔一/足"(夔有一个,已足够)。二是:"夔/一足"(夔这个人,有一只脚)。鲁哀公不理解"夔一足"这句话的具体语境,"鉴其表而弃其意",只根据字面上的一种可能意义,理解为"夔这个人天生只有一只脚",脱离了具体语境下的确定语义,导致"言意相离",构成"望文生义"、"断章取义"的典型谬误。

传言看语境 《察传》说:"传言不可以不察。""是非之经,不可不分。"缘物之情及人之情。"在对话辩论中,离开语境而篡改语义的现象常见,这是诡辩产生的语言认识论根源。为了克服这种脱离语境篡改语义的诡辩现象,对于语言的传播,要仔细审察。语言数次传播,导致信息失真,黑白颠倒。如以下连锁推论,越推离事实越远:

> 狗像玃。
> 玃像母猴。
> 母猴像人。
> 所以,狗像人。

"像"、"似"的语义,角度和标准不统一,经语言的数次传播,差别越来越大,离事实和真理越远。这是人犯错误的原因。听话善于审察是好事。听话不善于审察,还不如没有听。语言在很多情况下,像是不对的,实际是对的;像是对的,实际是不对的。这是本质和现象的区别。是非的界限,一定要分清。如果能够根据物情、人情、事理,即结合广义的语境,就有助于了解语言的确定语义,有助于揭露辩论对话中篡改语义的诡辩。

刘昼新意 北齐刘昼《刘子·崇学》说:用语言解释道理,道理是语言的根本依据。名称确定实体,实体是名称的本原。有道理不说出来,道理就不能明白。有实体无名称,则实体不能得到分辨。道理由语言说明,但语言不等于道理本身。实体由名称分辨,但名称本身不等于实体。现在相信语言而抛弃道理,实在不是获得道理的方法。只相信名称而忽略实体,

---

[1] 《吕氏春秋·察传》:鲁哀公问于孔子曰:"乐正夔一足,信乎?"孔子曰:"昔者舜欲以乐传教于天下,乃令重黎举夔于草莽之中而进之,舜以为乐正。夔于是正六律,和五声,以通八风,而天下大服。重黎又欲益求人,舜曰:'夫乐,天地之精也,得失之节也。故唯圣人为能和乐之本也。夔能和之,以平天下。若夔者一而足矣。'故曰夔一足,非一足也。"

就不能得到实际情况。所以明智的人通过考核语言以便探寻道理，不抛弃道理而只突出语言。用名称来检查实体，不抛弃实体而只保存名称。这样来做到语言和道理两方面的贯通，而名实关系双方都得到纠正。这是对欧阳建"言尽意"论的深化和发挥。《刘子·审名》说：世人传言，通常会把小说成大，造成是非颠倒的结果。言论传得越广，而道理越乖戾荒谬，名称越假，而与实际越相反。现在把犬说成人，把白说成黑，就混淆了事物的类别。用来进行类推，说这个像那个，说犬像玃，玃像狙，狙像人，那么犬就像人。说白像缃（浅黄），缃像黄，黄像朱，朱像紫，紫像绀（清色），绀像黑，则白就成黑了。说"黄轩四面"，指的是黄帝使诸侯分理四方，这就成了"四面"，不能理解为黄帝有四张脸，八只眼。说"夔一足"，误解为一只脚、一条腿。日常生活中的弊端，是不认真审察名实关系。虚假传说，把假说成真。孔子提出"正名"，名家学者以"正名"为专长，荀子建立"正名"逻辑体系，刘昼《审名》的论述，在前人基础上，有所创新、发挥和发展，颇具精意。

"言尽意论"的代表作，是欧阳建《言尽意论》。欧阳建，字坚石，渤海南皮（今河北）人，西晋大族石崇的外甥，思维敏捷，能言善辩，才识过人，闻名于时，时人称誉说："渤海赫赫，欧阳坚石。"相传他"雅有理想，才藻美赡，擅名北州"。历任山阳今、尚书郎、冯翊太守，受到好评。他曾上书数赵王司马伦的罪状，后与舅石崇同被司马伦杀害，享年33岁。

欧阳建的《言尽意论》，是一篇论语言和思维关系的雄文，是先秦至魏晋"言意之辩"正方论点"言尽意论"的精彩发挥和杰出总结，是"言尽意论"回应"言不尽意"论的第三次高潮。

欧阳建说，道理在心中，没有语言不能顺畅表达。语言不顺畅表达思想，人们无法交际交接。语言名称交接交流，而思想感情得到顺畅表达。语言根据道理而改变。

欧阳建的《言尽意论》，像一面镜子，观照出"言意之辩"的历史、发展和影响。"言不尽意"论是当时多数人的见解，欧阳建假托为"雷同君子"，即与别人雷同，人云亦云。"言尽意"论是与众不同的个人创见，欧阳建假托为"违众先生"，即违背众人见解，独树一帜。欧阳建的《言尽意论》，极富理论创见。

语言、认识和对象 欧阳建肯定语言对象的客观性，即语言的被决定性。他说,事物的运行,不依赖于语言。人对事物的认识不说出来,也已存在于意识中。事物的形体、颜色,没有名称,它的方圆黑白等性质,已经客观地存在着。名称对于事物及其规律并没有增加或减少什么。事物及其规律的名称,并不是固有的、必然的。欧阳建的议论,涉及事物、认识和语言三者的关系。事物反映为认识,认识形之于语言。考察名称的根源,追溯语言的起源,可以了解名称、语言的派生性、社会性和主观性。欧阳建从语言与认识、事物的相互关联,探讨语言性质是正确的。

指谓和交际:语言的功能 欧阳建说,过去和现在人们都设法把名称搞正确。圣人贤者也不能不说话,这是什么原因呢?就是因为心里明白了道理,不用语言就不能清楚表达。事物在那里确定地存在着,没有名称就不能辨别。语言不能清楚表达思想,人们就无法相互交际。不用名称辨别事物,精辟的认识就不能显露。把真知灼见显露出来,而名称类别都区分开来,人们就能通过语言相互交际,思想感情就能清楚表达。要想辨别不同的实际,就应该使用不同的名称。要把思想表达出来,就应该建立不同的称谓。欧阳建正确指出语言的指谓认识和交际表达功能。

语言的变迁 欧阳建说,名称跟随事物而迁移,语言依据规律而变化。事物的名称、规律和语言之间的关系,就像声音发出来而回响呼应着,形体存在而影子跟随着,不能把它们分成两个互不相干的东西。所以说,"言不尽意"论不成立,而"言尽意"论成立。欧阳建的议论,贯穿明确的一元论观点。

欧阳建用"声发响应"和"形存影附"的比喻,形象地说明名称、语言来源的客观性,说明名称与事物、语言和规律的联结和一致性。同时欧阳建又指出名称、语言的灵活性、变动性。所谓"言尽意"的"尽",并不是照镜子式的一次完成的动作,而是有一个跟随事物迁移变化的过程。① 这就跟

---

① 欧阳建《言尽意论》:有雷同君子问于违众先生曰:"世之论者,以为言不尽意,由来尚矣。至乎通才达识,咸以为然。若夫蒋(济)公之论眸子,钟(会)、傅(嘏)之言才性,莫不引此为谈证。而先生以为不然,何哉?"先生曰:"夫天不言,而四时行焉。圣人不言,而鉴识存焉。形不待名,而方圆已著。色不俟称,而黑白已彰。然则名之于物,无施者也。言之于理,无为者也。而古今务于正名,圣贤不能去言,其故何也? 诚以理得于心,非言不畅。物定于彼,非名不辨。言不畅志,则无以相接。名不辨物,则鉴识不显。鉴识显而名品殊,言称接而情志畅。原其所以,本其所由,非物有自然之名,理有必定之称也。欲辨其实,则殊其名。欲宣其志,则立其称。名逐物而迁,言因理而变。此犹声发响应,形存影附,不得相与为二矣。苟其不二,则言无不尽矣。吾故以为尽矣。"

LOGIC

"言不尽意"论划清了界限,在当时是很杰出的见解。欧阳建的"言尽意"论有很大影响。自从他对这一论题展开论证之后,其论点已为许多人所接受,成为人们谈论的热门话题。北宋欧阳修《欧阳文忠公文集·系辞说》指出:《易·系辞上》假托孔子说"书不尽言,言不尽意",但古代圣贤的意思,难道不正是通过语言的传承,才得以推求把握?圣人意思的保存,难道不正是得益于书籍的记载?

书籍虽不能穷尽语言的烦琐细微,但可以穷尽语言的精要。不能穷尽意义的底细原委,但可以穷尽其道理。说"书不尽言,言不尽意",不是深刻明智的论断。

《论语·卫灵公》载:"子曰:'辞达而已矣。'"清刘宝楠《论语正义》解释说:"辞不贵多,亦不贵少,皆取达意而止。"孔子作为杰出的教育家,肯定语言能够表达意义。《易·系辞上》假托孔子说"书不尽言,言不尽意",与《论语》所载孔子思想不合。欧阳修说《系辞》不是孔子圣人的作品。这种论点的提出,最初似乎骇人听闻,但欧阳修经过多年的考证,更坚信其正确,自信历时愈久,会愈为人相信,而不在乎当世的认可。① 欧阳修用理性的分析、批判方法,疑古怯惑,质疑问难,颇具深意。这是用归谬法进行反驳,是"言意之辩"的重要进展。

诗咏"听话听声:言意之辩":

> 听话听声锣鼓音,言意之辩两千年。
> 正反双方竞创新,言不尽意反独断。
> 言意相离成淫辞,离谓结果为诡辩。
> 传言必须察语境,言尽意论属乐观。

---

① 欧阳修《欧阳文忠公文集·系辞说》:"书不尽言,言不尽意",然自古圣贤之意,万古得以推而求之者,岂非言之传欤?圣人之意所以存者,得非书乎?然则书不尽言之烦,而尽其要言,不尽意之委曲,而尽其理,谓"书不尽言,言不尽意"者,非深明之论也。予谓《系辞》非圣人之作,初若可骇,余为此论迨今25年矣,稍稍以余言为然也。六经之传,天地之久,其为二十五年者,将无穷而不可以数计也。予之言久当见信于人矣,何必汲汲较是非于一世哉?

LOGIC

第四章 论证技巧(上)

第一节 无譬不言:譬式推论

一、惠施善譬

惠施是战国中期名家学派的著名代表人物。名家以其善辩的特长,为各诸侯国服务。公元前334—前322年,惠施做魏惠王的宰相,为魏惠王立法,主张"去尊"(各诸侯国平等相待),主谋齐、魏互相承认对方为"王",倡导联齐抗秦的策略,是当时合纵主张(联合众弱进攻一强)的倡导者、实行者。

惠施于公元前322年去宋国,与庄子交游论学,有著名的"濠梁之辩"。公元前318年使楚,与南方怪人黄缭辩论"天地所以不坠不陷,风雨雷霆之故"。公元前316年使赵,与"天下之辩者"谈辩,讨论逻辑和诡辩论题。

刘向《说苑·善说》载,有一位说客,对魏惠王说:"您的宰相惠施说话,喜欢用譬喻。您叫他不用譬喻,他就不能说话了。"惠王说:"好吧!"第二天,惠王对惠施说:"希望先生说话直说,不用譬喻。"惠施说:"现在有人,不知道什么是'弹'(发射弹丸之器)。提问说:'弹是什么?'回答说:'弹的形状像弹。'这能说明问题吗?"惠王说:"不能。"惠施说:"弹的形状像弓,而以竹为弦,这能使人明白吗?"惠王说:"能。"

惠施说:"说出譬喻,就是用已知的事物,说明未知的事物,而使人知道。"惠王说:"说得好!"①

惠施是"善譬"能手。惠王听从说客的建议,叫惠施说话不用"譬",惠施偏用"譬"回答,说明"不用譬喻,不能说话"的道理,表现惠施机智灵活的辩论技巧。

惠施说"弹之状如弹",这种同语反复式的语言,不能使人明白什么,用譬喻说"弹之状如弓,而以竹为弦",既能使人知道"弹"和"弓"的共性,又能使人知道"弹以竹为弦"的特性,等于给"弹"下定义,使人了解"弹"的性状特征。"弓"的性状已知,用"弓"类比说明"弹",指出其共同点和不同点,原来未知"弹"的性状,就变为已知。由已知到未知,是推理的认识作用。"譬"的论辩方式,相当于类比推理,由一事物性质,类推另一事物性质,有"由此及彼"的认识作用。

惠施从认识作用给"譬"下一个功能定义:"夫说者,固以其所知,谕其所不知,而使人知之。"论证者说出譬喻,是用已知事物,说明未知事物,从而使人知道。这是惠施对"譬"式推论认识作用的概括,有逻辑哲学意义。于是,魏王拒绝说客"禁止惠施用譬"的建议,答应惠施说话,可继续用譬。

二、墨子善譬

墨子是"善譬"大家,论证"言必用譬"。墨子善用譬喻词"譬"、"若"、"犹"、"如"等谈辩故事,俯拾即是。论证"尚贤":治国不任用贤能,"此譬犹喑者(哑巴)而使为行人(外交官),聋者而使为乐师"。

论证"兼爱":"圣人以治天下为事者也,必知乱之所自起,焉能治之;不知乱之所自起,则不能治。譬之如医之攻人之疾者然:必知疾之所自起。"

论证"非攻":"今天下之诸侯,多攻伐并兼,则是有誉义之名,而不察其实也。此譬犹盲者之与人,同命白黑之名,而不能分其物也。"

---

① 刘向《说苑·善说》:客谓梁王曰:"惠子之言事也,善譬。王使无譬,则不能言矣。"王曰:"诺。"明日见,谓惠子曰:"愿先生言事,则直言耳,无譬也。"惠子曰:"今有人于此,而不知弹者,曰:'弹之状何若?'应曰:'弹之状如弹。'则谕乎?"王曰:"未谕也。"于是更应曰:"弹之状如弓,而以竹为弦,则知乎?"王曰:"可知矣。"惠子曰:"夫说者,固以其所知,谕其所不知,而使人知之。今王曰无譬,则不可矣。"王曰:"善。"

LOGIC

《小取》定义譬式推论："譬也者，举他物而以明之也。"譬式推论的功能，是列举其他事物，说明这一事物，与惠施对"譬"式推论的功能定义，异曲同工。

《小取》定义譬式推论的联结词："'是犹谓'也者，同也。""是犹谓"、"譬"、"若"、"犹"、"如"等，是论证两个事物的相同，意谓着譬式推论的建立。《公孟》载墨子说："教人学而执有命，是犹命人包（包裹头发）而去其冠也。""执无鬼而学祭礼，是犹无客而学客礼也，是犹无鱼而为鱼罟（鱼网）也。"

"譬"兼有逻辑类比和修辞比喻的双重功能。从逻辑推理上说，譬喻之词分前提和结论；从论证上说，分论据和论题。从修辞学上说，分被譬喻说明的"本体"和用来譬喻的"喻体"。譬式推论，举彼明此，以近喻远，以浅喻深，以易喻难，由已知到未知，兼论证和表达作用。

"譬"相当于印度逻辑的"喻"。从厨房有烟并有火，譬喻类推这山有烟，所以有火。从瓶是人为的，并且不是永恒的，譬喻类推语言是人为的，所以不是永恒的。喻的本意，是譬喻、例证。窥基《因明入正理论疏》卷四："喻者，譬也，况也，晓也。由此譬况，晓明所宗，故名为喻。"喻是通过譬况，说明论题。

《墨经》擅长说理，常以"犹"、"若"等作譬喻词。《经说下》第 171 条说："夫名以所明正所不知，不以所不知疑所明。若以尺度所不知长。"概念和推论，是以所已知，类推说明所未知，不能反过来以所未知，怀疑所已知，这就像用尺子，量度未知物体的长度。这是以"若"作譬喻词。

《墨经》许多以"若"、"犹"联结的事项，已丧失譬喻、类比意义，而只是一般命题的典型事例。典型事例，同一般命题的关系，是归纳关系。从典型的个别事例，引申出一般命题。《经说上》第 1 条"故，所得而后成也"的因果概念，以"若见之成见"为例。《墨经》有重事实、重归纳的科学精神，是墨子善譬、类比论证的发展。墨家广泛运用"举他物而以明之"的譬式推论，必然会在其逻辑和科学理论的总结中，引申为"举一事或数事，而引出一般道理"的归纳推论。

《经下》第 151 条说"擢虑不疑，说在有无。"《经说下》解释说"疑无谓也。臧也今死，而春也得之，必死也可。"从一件事中，思考、抽取一种必然性，可以不用怀疑，论证的理由在于，有没有这种必然性。怀疑是没有意义的。臧在目前医疗条件下,得不治之症而死,舂得这种不治之症必死。《说文》:"擢,引也。"擢:抽引。虑:思虑。不疑:不用怀疑。《经说上》第84条:"必也者可勿疑。"臧:男仆名。舂:女奴名。"擢虑":抽引思虑,是从类比推论发展来的归纳法。

《小取》说:"'吾岂谓'也者,异也。"这是定义反面譬喻式类推的联结词。"吾岂谓"、"不若"等,是论证两个事物的相异,意谓着反面譬喻式类推的建立,是反驳对方的不恰当譬喻,相对于"举他物以明此物"的正类比,是"反类比"。

一次,墨子讲"兼爱"学说的好处,其论敌"天下之士君子"说:"兼爱说好是好,就是实行不了。譬若挈(提)泰山越河济(跨越黄河、济水),实行不了。"墨子说:"这是譬喻不当('是非其譬也'),古代圣王曾实行过兼爱说,提着泰山跨越黄河、济水,却从来没有人实行过。"意即:"吾谓兼爱可行,吾岂谓挈泰山越河济可行乎?"这是通过"吾岂谓"式的反驳,揭示对方譬喻中前提与结论(或论据与论题、喻体与本体)的相异,证明对方譬喻不当,以驳倒对方。

三、百家善譬

诸子百家辩论,"譬"是应用最广泛的推论方术。言必用譬,是诸子百家的共同特点。孟子、庄子、尹文子、公孙龙子、荀子、韩非子和吕不韦等,都善譬。《孟子》3万余字,重要的譬喻论证,达60余处。东汉赵岐《孟子题辞》说:"孟子长于譬喻,辞不迫切,而意已独至。"孟子善譬,话未说到,意义已经明显。

荀子说,"谈说之术","譬称以喻之"。诸子百家谈辩论证,都善用譬喻的方法。《四库全书》直接用"譬"近10万次,间接用"譬"不计其数。

诗咏"无譬不言:譬式推论":

> 惠施善譬扬天下,不用譬喻不说话。
> 言必用譬作论证,墨子善譬更不差。
> 列举彼物明此物,譬若犹如联结它。
> 先哲载籍万千次,中华学人爱用它。

第二节　巧推非杀:侔式推论

"杀盗非杀人"的论题,先哲有正反双方的激烈辩论。正方是墨家,对这一论题给出正面论证。反方是荀子,对这一论题给予反驳。双方在辩论中为克敌制胜,都妙用思维表达艺术。

墨家为论证"杀盗非杀人"的论题,总结多种"侔"式类推。《小取》定义说:"侔也者,比辞而俱行也。"孙诒让引《说文》:"侔,齐等也。"解释说:"谓辞义齐等,比而同之。"晋司马彪《庄子·大宗师》注:"侔,等也,亦从也。"唐成玄英疏:"侔者,等也,同也。""侔"是以语言表达式的相似性为根据,进行类比推论。

《小取》从辩论实践中,概括"是而然"、"是而不然"、"不是而然"、"一周而一不周"和"一是而一非"五种"侔"式类推,把"杀盗非杀人"命题的论证,归入其中第二种"是而不然"的类推,而另外四种"是而然"、"不是而然"、"一周而一不周"和"一是而一非"的类推,是作为"是而不然"类推的陪衬。纳入各种"侔"式类推的数十个事例,是为了增加"杀盗非杀人"命题的论证性和说服力。

1. 是而然

《小取》说:白马是马,乘白马是乘马。骊马是马,乘骊马是乘马。获是人,爱获是爱人。臧是人,爱臧是爱人。这是"是而然"的"侔"式类推。

古汉语"是"和"然"意思相近,指肯定的断定。"是":正确、对。《小取》:"夫辩者,将以明是非之分。""是非":对错、真假。"然":是、如是、这样,表肯定。《小取》用"是"表示出发命题(前提)的对、真,如:"白马,马也。""白马是马"命题,为"是"、对、真。《小取》用"然"表示结束命题(结论)。如:"乘白马,乘马也。""乘白马是乘马"命题,为"然"、对、真。"是而然"的"侔",是在肯定前提主、谓项前,各加一个表示关系的动词,得到肯定的结论。公式是:

$$A = B;CA = CB$$

如:

白马是马;乘白马是乘马

骊马是马;乘骊马是乘马

获是人;爱获是爱人

臧是人;爱臧是爱人,

用现代逻辑方法,分析第一个实例:由于"白马"的概念,真包含在"马"的概念中,所以,与"白马"的一部分发生"乘"的关系,必然是与"马"的一部分发生"乘"的关系。这是由一般到个别的演绎推理,推论形式有必然性。前提肯定"白马是马",结论必然肯定"乘白马是乘马"。

用数理逻辑的符号语言,表示这一推论过程:设 B 代表一元谓词"是白马",M 代表"是马",R 代表"是人",C 代表"乘"的二元关系,(表示全称量词,(表示存在量词,→表示蕴涵,∧ 表示合取,则"因白马是马,所以乘白马是乘马"的推论过程公式为:

$$\because \forall y(By \rightarrow My)$$

$$\therefore \forall x[Rx \rightarrow (\exists y)[By(Cxy \rightarrow My(Cxy)]]$$

读为:对任一个体 y 来说,如果 y 是白马,则 y 是马,可推出,对任一个体 x 来说,如果 x 是人,则存在个体 y,y 是白马,并且 x 乘 y,可推出,y 是马,并且 x 乘 y。

墨家"白马是马"的推论,针对当时"白马非马"的诡辩。《韩非子·外储说左上》说:公元前五世纪宋国儿说是善辩的人,论证"白马非马"诡辩论题,把齐国稷下学官最善辩的人都辩输了,等到他乘白马而过关,只好乖乖看着自己的白马缴马税,而这意谓着被迫承认"白马是马"的事实。凭借假话能辩胜一国,靠事实检验不能骗一人。儿说的"白马非马"之辩,是公孙龙诡辩的前驱。

公元前四至前三世纪,公孙龙著《白马论》奇文,把"白马非马"的诡辩发挥到极致。《公孙龙子·迹府》载:"龙之所以为名者,乃以白马之论尔。""龙之学以白马为非马者也。使龙去之,则龙无以教。"

公孙龙论证说:寻找"马",黄、黑马都可算数,寻找"白马",黄、黑马不能算数。马与白马在外延上有广、狭区别。黄、黑马与马是种属关系(包含于关系),白马与黄、黑马是种与种的关系,是排斥、对立关系。公孙龙玩弄花招,说"求马,黄、黑马皆可致",故意不提白马。实际上白马和黄、黑马一样"皆可致"。他故意避开"白马",是为了便于论证"白马非马"。如果承认"求马,黄、黑、白马皆可致",就等于承认"白马是马",无法再论证"白马非马"。

LOGIC

公孙龙歪曲"白马乃马"(白马是马)的论点,把"乃"这个肯定命题的联项,曲解为等同、同一。这是采取先歪曲,再攻击的论证手法。说"S乃P",可解释为"S等于P"和"S真包含于P"两种情况。"白马乃马"是属于后一种情况,即"白马真包含于马",并非"白马等于马"。

公孙龙说"黄、黑马一也,而可以应有马,而不可以应有白马",从某种意义上说是对的。但既然有黄、黑马,就算"有马",那么按照同一逻辑,有白马,也应该算"有马"。公孙龙为了接着引申出"白马非马"的命题,避开这一点。

公孙龙在论证中,以白马与马不是等同的(外延不是同一的)为论据,推出"白马非马"的论题,犯"推不出"的逻辑错误。不能说不等同,就是全异。白马同马的关系,是既非等同,又非全异,而是异中有同(白马不等于马,但白马又是马),同中有异(白马是马,又不等于马)。

公孙龙论证"白马非马"部分论据正确,从内涵和外延大小上正确区分马、白、白马、黄马、黑马等不同概念,对中国逻辑发展有一定贡献,但由"白马不等于马"的正确论据,推出"白马不是马"的错误结论,是违反事实和常识的诡辩。

公孙龙"白马非马"的诡辩,在后世产生不同的传闻。桓谭《新论》说:"公孙龙常争论曰白马非马,人不能屈,后乘白马无符传(证明信)欲出关,关吏不听。此虚言难以夺实也。"这是说坚持"白马非马"的诡辩,关吏不让他过关。

高诱《吕氏春秋·淫辞》注说:"龙乘白马,禁不得度关,因言马白非马。"高诱《淮南子·诠言训》注说:"公孙龙以白马非马、冰不寒、火不热为论。"这是说公孙龙在"度关"时,还在进行"白马非马"的诡辩。

三国魏刘邵《人物志·材理篇》凉刘昞注说,公孙龙论证"白马非马","一朝而服千人,及其至关禁固,直而后过"。这是说公孙龙在"度关"被严查时,不得已承认白马是马的事实,关吏才让他过关。

唐《古类书》第一种文笔部说:"公孙龙度关,官司禁曰:'马不得过。'公孙曰:'我马白,非马。'遂过。"这是说公孙龙诡辩马是白的,所以不是马,守关人一时被搞胡涂,让他蒙混过关。

2. 是而不然

《小取》说:获的父母是人,获事奉她的父母,不能说是"事奉人"(指作

LOGIC

别人的奴仆）。获的妹是美人，她爱妹，不能说是"爱美人"（爱美色）。车是木头做的，乘车，不能说是"乘木头"（指乘未加工原木）。船是木头做的，入船，不能说是"入木"（入棺）。强盗是人，某地强盗多，不能简单地说"某地人多"；某地没有强盗，不能简单地说"某地没有人"。怎么知道这一点呢？讨厌某地强盗多，并不是讨厌某地人多；想让某地没有强盗，并不是想让某地没有人。世上人都赞成这些。墨家认为，由世人的这种逻辑推出"强盗是人，爱强盗，不是'爱人'，不爱强盗，不是'不爱人'，杀强盗，不是'杀人'（指杀'强盗'以外的一般人，好人，犯'杀人罪'）"也应该没有困难。后者和前者同类，世人赞成前者，不自以为不对，墨家主张后者，却要反对，墨家认为没有别的原因，是"内心胶结，对外封闭，听不进不同意见"，与"心里边没有留下一点空隙，胶结而解不开"。

墨家论证"杀盗非杀人"命题的工具性元理论，是"是而不然""侔"式类推的理论总结。《小取》先列举五种世人都赞成的语言表达式：

第一，获之亲，人也；获事其亲，非事人也。

第二，其弟，美人也；爱弟，非爱美人也。

第三，车，木也；乘车，非乘木也。

第四，船，木也；入船，非入木也。

第五，盗，人也；多盗，非多人也；无盗，非无人也；恶多盗，非恶多人也；欲无盗，非欲无人也。

这五种语言表达式，是譬式推论的喻体，是援引对方赞成的实例，作为用来进行推式推论（归谬推论）的论据。

然后，墨家再列举第六种语言表达式：

第六，盗，人也；爱盗，非爱人也；不爱盗，非不爱人也；杀盗，非杀人也。

墨家认为这第六种语言表达式，跟前面五种语言表达式是同类。这第六种语言表达式，是譬式推论的本体，是援彼证此的目标，是进行推式推论（归谬推论）的结论。这种论证方式，是"是而不然""侔"式类推和譬（譬喻推论）、援（援例证明）、推（归谬类比）的综合运用。"杀盗非杀人"论证机理，见表6。

表6　论证机理

是	不然	语义转换	论证结构
A = B	CA ≠ CB		
获之亲,人也 其弟,美人也 车,木也 船,木也	获事其亲,非事人也 爱弟,非爱美人也 乘车,非乘木也 入船,非入木也	"事人"指做别人奴仆 "爱美人"指异性爱 "乘木"指乘未凿的原木 "入木"指人棺	世人赞成的论据
盗,人也	多盗,非多人也 无盗,非无人也 恶多盗,非恶多人也 欲无盗,非欲无人也	"人"指一般人、好人	
盗,人也	爱盗,非爱人也 不爱盗,非不爱人也 杀盗,非杀人也	"人"指一般人、好人; "杀人"指杀一般人、好 人,犯杀人罪	墨家论证的论题

"是而不然"的"侔",是在肯定前提主、谓项前,各加同样词项后,构成否定结论。这是由于在前提主、谓项前,各加同样词项后,组成的新词项,发生语义转换,出现"行而异,转而诡,远而失,流而离本"的现象。公式是:

$$A = B;CA \neq CB$$

"杀盗非杀人",是墨家从当时社会现实状况出发,代表小私有财产者阶层利益,提出的特殊论题。当时社会现实的状况是,最高政权周王室衰微,几个较大的诸侯国连年征战图霸,社会秩序混乱,盗贼横行,执政者又无强有力的整治措施,墨家作为小私有财产者"农与工肆之人"阶层的代言人,提出"杀盗非杀人"的论题,为小私有财产者自己动手杀死强盗的正当防卫行动辩护。《兼爱中》说:"盗爱其室,不爱异室,故窃异室以利其室。"《明鬼下》说:"民之为淫暴寇乱盗贼,以兵刃毒药水火,退无罪人乎道路术径,夺人车马衣裘以自利者并作,由此始,是以天下乱。"

　　墨家"杀盗非杀人"的命题,是在当时特定的意义上说的。在正当防卫的条件下,杀无恶不赦的强盗,不是通常意义下的"杀人"(杀好人,犯杀人罪)。这是通过大量同类事例,用"譬、侔、援、推"的合理类推得出的结论,体现墨家的思维艺术,体现墨家总结"是而不然"侔式推论的政治意图。

　　在生理意义上,杀强盗是杀作为强盗的人,不能说是杀了除人之外的其他动物。在这种意义上,荀子批评墨家"杀盗非杀人",是"惑于用名以乱名"(用"杀盗"的特殊概念来搞乱"杀人"的一般概念)的错误,有一定道理。但是荀子只从生理意义上批评墨家"杀盗非杀人"的辩论是诡辩,抹煞墨家"杀盗非杀人"命题的具体政治伦理含义,也有片面性。

3. 不是而然

《小取》说:世人都知道,"读书"不等于"书","好读书"却等于"好书"。"斗鸡"不等于"鸡","好斗鸡"却等于"好鸡"。"将要入井"不等于"入井",阻止"将要入井"却等于阻止"入井"。"将要出门"不等于"出门",阻止"将要出门"却等于阻止"出门"。

如果是这样的话,那么墨家说:"'将要夭折'不等于'夭折',阻止'将要夭折',却等于阻止'夭折'(即采取措施使'将要夭折'的人有寿,却是真的把'夭折'的人转变为长寿)。儒家主张'有命'论,不等于真的有'命'这东西存在;墨家'非执有命',却等于'非命'(墨家反对儒家坚持有命的论点,等于实实在在地否定'命'的存在)。"这是"不是而然"的"侔"式类推。

"不是而然"的"侔",是在一个词组中,减去一个成分不成立,而在增加一个成分的情况下,再减去这个成分却成立。其前提是否定的,结论是肯定的,所以叫"不是而然"。公式是:

$$A \neq B; CA = CB$$

如:

"读书"不是"书";"好读书"是"好书";

"斗鸡"不是"鸡";"好斗鸡"是"好鸡";

"将要入井"不是"入井";阻止"将要入井"是阻止"入井";

"将要出门"不是"出门";阻止"将要出门"是阻止"出门";

"将要夭折"不是"夭折";阻止"将要夭折"是阻止"夭折";

"有命"不是"命";"非执有命"是"非命"。

最后一例,即儒家宣扬"有命"论,不等于真的有"命"存在。墨家反对儒家坚持"有命"论,则是确实否定"命"的存在。

墨家有《非命》上中下三篇,专门论证"非命"即否定"命"存在的论题,主张积极发挥人力的主观能动作用。

墨家运用大量日常生活事例,类比说明当时百家争鸣的争论问题。墨家总结"不是而然""侔"式类推的用意,是作为"是而不然"类推的陪衬,以增加"杀盗非杀人"命题的论证性和说服力,又是为了反对儒家的宿命论,解决当时学派的争论问题。百家争鸣促进中国逻辑的诞生。中国逻辑的诞生,促进百家争鸣中提出问题的解决。

4. 一周一不周

《小取》说:说"爱人",必须周遍地爱所有的人,才可以说是"爱人"。说"不爱人",不依赖于周遍地不爱所有的人。没有做到周遍地爱所有的人,因此就可以说是"不爱人"。说"乘马",不依赖于周遍地乘过所有的马,才算是"乘马"。至少乘过一匹马,就可以说是"乘马"。说"不乘马",依赖于周遍地不乘所有的马,然后才可以说是"不乘马"。这是"一周而一不周"的"侔"式类推。公式是:

AB 一语,有时 A 遍及 B 各分子,有时则否

分析语言构造 AB,有时 A(动作或关系)周遍于 B 的各分子,有时不然。墨家列举以下 4 例:

第一,"爱人"一词"周"。"爱"要求周遍所有的人,必须"爱"所有的人,一个不遗漏。这是阐述墨家的政治伦理理想,与有人(如强盗和攻伐略夺者)不可爱的现实状况无关。

第二,"不爱人"一词"不周"。"不爱人",不要求周遍地不爱所有人,才算是"不爱人"。只要不爱任意一人,就算是"不爱人"。这是就墨家的政治伦理理想而言,而现实状况,是对待强盗和攻伐略夺者,可以也应该不爱,直至为了正当防卫而杀之和诛讨。

第三,"乘马"一词"不周"。"乘马",不要求周遍地乘所有的马,才算是"乘马"。只要乘任意一匹马,就算是"乘马"。

第四,"不乘马"一词"周"。"不乘马",要求不乘任何一匹马,才算是"不乘马"。

这里的"周",就"乘马"和"不乘马"这种日常生活的例子而言,约略地相当于形式逻辑所说的"周延"。按形式逻辑的规则,"我是乘马的","乘马的"一词不周延,只要乘一匹马,就可以这样说。而"我不是乘马的","乘马的"一词周延,必须周遍地不乘任何一匹马,才可以这样说。

这里的"周",就"爱人"和"不爱人"这种涉及墨家政治伦理理想的例子而言,不相当于形式逻辑所说的"周延"。按照形式逻辑的规则,"我是爱人的","爱人的"一词不周延,只要爱一个人,就可以这样说。而"我不是爱人的","爱人的"一词周延,即必须周遍地不爱所有的人,才可以这样

说。这与墨家的说法相反。

这种矛盾情况,从逻辑的最新发展看,可以有一种解释:逻辑有不同分支,不同领域。通常形式逻辑所讲的领域,是事实、现实、真值、实然的领域。墨家说的"爱人要求周遍"、"不爱人不要求周遍",说的是政治伦理理想、道义、价值、应然的领域,与事实、现实、真值、实然的领域无关。

5. 一是一非

《小取》说:居住在某一国内,可以简称为"居国";有一住宅在某一国内,却不能简称为"有国"。桃树的果实,称为"桃";棘树的果实,却不称为"棘"(称为枣)。探问别人的疾病,可以简称为"探问人";讨厌别人的疾病,却不能简称为"讨厌人"。人的鬼魂,不等于人;兄的鬼魂,在某些特殊情况下可以权且代表兄。祭人的鬼魂,不等于祭人;祭兄的鬼魂,可以权且说是祭兄。这个马的眼睛瞎,可以简称为"这马瞎";这个马的眼睛大,却不能简称为"这马大"。这个牛的毛黄,可以简称为"这牛黄";这个牛的毛众(指牛毛长得茂密),却不能简称为"这牛众"(牛众是指牛的个数多)。一匹马是马,两匹马是马,说"马四足",是指一匹马四足,不是指两匹马四足;说"马或白"(指有的马是白的),是在至少有两匹马的情况下才可以这样说,如果在只有一匹马的情况下,就不能这样说。这是"一是而一非"的"侔"式类推。公式是:

$$f(A) = g(A); f(B) \neq g(B)$$

有两个语句结构 $f(x)$ 和 $g(x)$,当用 A 代入其中的 x 时,二者等值;当用 B 代入其中的 x 时,二者不等值。5 种侔式推论公式对照,见表7。[①]

表7 侔式推论

侔式推论	公式
是而然	$A = B, CA = CB$
是而不然	$A = B, CA \neq CB$
不是而然	$A \neq B, CA = CB$
一周而一不周	AB 一语,有时 A 遍及 B 各分子,有时则否
一是而一非	$F(A) = g(A), f(B) \neq g(B)$

《小取》要求注意事物、思维、语言和推论的复杂性、多样性,不同模式

---

① 参见莫绍揆:《数理逻辑初步》,上海:上海人民出版社 1980 年版,第 169 页。

LOGIC

的推论,有不同的形式和规则,当它们被混淆时,会出现谬误和诡辩。墨家逻辑是百家争鸣的武器和辩论的工具,《小取》用较多篇幅讨论谬误问题,表现墨家逻辑的应用性、实践性和批判性。

诗咏"巧推非杀:侔式推论":

> 战国乱世盗横行,农与工肆不得宁。
>
> 杀盗有时不得已,正当防卫情理中。
>
> 墨家代表农工肆,论证杀盗思虑精。
>
> 侔式推论有多种,譬侔援推都有用。

第三节　楚人非人:援式推论

公孙龙的"白马非马"辩论,为当时多数学者所反对。有人鼓动孔子六世孙孔穿,从鲁国出发,专程到赵国找到做平原君门客的公孙龙,劝他放弃"白马非马"的辩论,公孙龙则用更多的辩论来抵挡。

《孔丛子·公孙龙》、《公孙龙子·迹府》载:有一次,楚王带着名贵的弓箭,与随从一起去云梦泽打猎,回来时丢失名贵的弓,左右的人请求替他找回。楚王说:"不要找了。楚人丢弓,楚人拾到,又何必找呢?"

孔子听到了说:"楚王仁义的胸怀,还不够大,也可以说人丢弓,人拾到,何必一定说楚人呢?"这就是说,孔子是把"楚人"和"人"区别开来。肯定孔子把"楚人"和"人"区别开来,而否定公孙龙把"白马"和"马"区别开来,表面上看似乎是自相矛盾的。[①]

在与孔穿辩论中,公孙龙援引孔穿所赞成的孔子"楚人异于人"的论点,以证明自己"白马异于马"的论点。孔穿先祖孔子,把"楚人"和"人"的概念,区别开来,公孙龙就可以把"白马"和"马"的概念,区别开来,这是"援"式类推的应用。"楚人异于人"与"白马异于马"同类,孔穿赞成前者,反对后者,是自相矛盾,这是归谬反驳,使孔穿无言以对。

[①]《孔丛子·公孙龙》:楚王张繁弱之弓,载忘归之矢,以射蛟兕于云梦之圃,反而丧其弓,左右请求之,王曰:"止也。楚人遗弓,楚人得之,又何求乎?"仲尼闻之曰:"楚王仁义而未遂,亦曰人得之而已矣,何必楚乎?"若是者,仲尼异楚人于所谓人也。夫是仲尼之异楚人于所谓人,而非龙之异白马于谓马,悖也。

LOGIC

公孙龙所运用的辩论方法,是《小取》所说的"援"式类推。《小取》定义说:"援也者,曰:'子然,我奚独不可以然也?'"援是援彼证己,援引对方论点,作为类比推论的前提,以证明自己相似的论点。

孔子并没有从"楚人异于人"推出"楚人非人"(楚人不是人);公孙龙却从"白马异于马"推出"白马非马"(白马不是马),这就是诡辩。《小取》说:"其取之也同,其所以取之不必同。"孔子取"楚人异于人"的论点,是说"人"的外延比"楚人"大,应该放眼于"人",不应该只是胸怀"楚人"。孔子没有论证"楚人非人"的动机。公孙龙取"白马异于马"的论点,目的是将其偷换为"白马非马"(白马不是马)的诡辩论题。公孙龙子在运用"援"式类推的过程中,违反同类相推的规则,犯异类相推的逻辑错误。

在《小取》"是而不然"和"不是而然"两种侔式推论中,墨家说:"此与彼同类,世有彼而不自非也,墨者有此而非之。"这是援式类推的运用。就"是而不然"的侔式推论说,有下列两种主张:

> "彼":盗,人也;爱盗,非爱人也。
> "此":盗,人也;杀盗,非杀人也。

"此与彼同类",对方赞同"彼",却不赞同"此",这不符合"以类取"和"有诸己不非诸人"的原则,所以可以援引对方的主张"爱盗非爱人"作前提(论据),类比论证自己同类的主张"杀盗非杀人"。因为"爱人"中的"人"是指"盗"之外的人,"杀人"中的"人"也指"盗"之外的人,根据"以类取"和"有诸己不非诸人"的原则(同一律、矛盾律),对方就不应该反对我这样推论,应该接受我的结论。

同样,就"是而不然"的侔式推论说,有下列两种主张:

> "彼":且入井,非入井也;止且入井,止入井也。
> "此":且夭,非夭也;寿且夭,寿夭也。

你若赞成"彼",我就可以援引你所赞成的"彼",类比论证我所赞成的"此"。因为这也是根据"此与彼同类"。你可以赞成"彼",我为什么不可以赞成"此"呢?这就是"援"的定义中所说的:"你可以那样,我为什么偏偏不能那样呢?"

"援"是以同一律、矛盾律为根据的常用辩论方式。公孙龙在辩论中,娴熟运用援式推论,驳得孔穿无言应对。墨家和诸子百家,都善用援式推论进行辩论。

宋陆游《老学庵笔记》卷五说,田登于 1054—1056 年间做州官,规定州人避讳其名"登",违反者鞭打。于是州人把"灯"避讳叫"火"。元宵节州府放灯,允许游观。官员请示,田登批准,在市面张贴布告:"本州按规定放火三日。"[①]这是"只许州官放火,不许百姓点灯"典故的来历。

明朱宗藩《小青娘风流院·拘理》传奇:"依你说,只许州官放火,不许百姓点灯。""只许州官放火,不许百姓点灯"的成语,为人普遍引用,成为《小取》援式推论"子然,我奚独不可以然"的同义语,有历久不衰的价值。

诗咏"楚人非人:援式推论":

> 你可那样我也行,援式类推常应用。
> 你然我然同一律,逻辑面前人平等。
> 同类论点真值同,同一逻辑思路清。
> 一是一非成矛盾,你然我否理不通。

第四节 智驳公输:推式推论

一、止楚攻宋的故事

止楚攻宋的故事,体现墨子的论证技巧。《公输》说:鲁班(公输般)为楚国造成攻城的云梯,准备用来攻打宋国。墨子听到消息,从鲁国动身,走十天十夜,到达楚国的郢都,见鲁班。鲁班说:"先生有何见教?"墨子说:"北方有人侮辱我,想请你杀他。"鲁班听了不高兴。墨子说:"我送你十两黄金。"鲁班说:"我讲仁义不杀人。"

墨子站起来,对鲁班再次叩拜说:"请听我说。我在北方听说你造成云梯,准备攻打宋国。宋国有什么罪过?楚国土地有余,人口不足。牺牲自己本来不足的人口,去争夺本来已有富裕的土地,不能说是聪明;宋国无

---

① 宋陆游《老学庵笔记》卷五:田登作郡,自讳其名,触者必怒,吏卒多被榜笞。于是举州皆谓"灯"为"火"。上元放灯,许人入州治游观,吏人遂书榜揭于市曰:"本州依例放火三日。"

罪,却去攻打,不能说是仁。懂得了这些道理而不争谏,不能说是忠;争谏而不能制止,不能说是强;你讲仁义不杀一个人,却要去杀宋国许多人,不能说知道类推之理。"鲁班被说服。

墨子说:"那么,为什么不停止攻宋呢?"鲁班说:"不行,我已经同楚王说好了。"墨子说:"为什么不引荐我去见楚王?"鲁班说:"好吧!"

墨子见到楚王说:"如今有一个人,放着自己的豪华马车不坐,却想偷邻居的破车;放着自己的锦绣衣裳不穿,却想偷邻居的黑粗布褂;放着自己的精米肉食不吃,却想偷邻居的糠糟饭食。这是什么人?"楚王说:"他必定患了偷窃病。"

墨子说:"楚国的土地,方圆五千里,宋国的土地,方圆五百里,这就像豪华马车和破车的比喻。楚国有云梦大泽,犀牛麋鹿满地有,长江汉水的鱼鳖鼋鼍,富甲天下,宋国却连野鸡野兔狐狸都没有,这就像精米肉食和糠糟饭食的比喻。楚国有高大的松树、漂亮的梓木和楠木樟树,宋国却没有像样的大树,这就像锦绣衣裳和黑粗布褂的比喻。我认为大王攻打宋国,跟这三个比喻同类。我预料大王必定既伤害仁义,而又不会达到目的。"[1]

楚王说:"说得好!虽然这样,鲁班已经为我造成云梯,我一定要攻取宋国!"于是,墨子会见鲁班。墨子解腰带比做城池,用木片比做攻城器械。鲁班九次运用不同的攻城器械,九次都被墨子挡回去。鲁班的攻城器械用尽,墨子的守城器械还有余。鲁班比输了,但是说:"我知道怎么对付你,我不说。"

墨子说:"我知道你想怎么对付我,我也不说。"楚王问这是什么缘故。墨子说:"鲁班的意思,不过是想杀我,杀我,宋国就没有人防守,可以攻取。然而我的学生禽滑厘等三百人,已经拿着我制造的守城器械,在宋国城头上,而等待楚国的入侵之敌。虽然杀我,墨家守城的事业也不能断绝。"楚王说:"好吧,我请不要攻打宋国了。"

---

① 《墨子·公输》:公输般曰:"吾义固不杀人。"子墨子起,再拜曰:"请说之。吾从北方闻子为梯,将以攻宋。宋何罪之有?荆国有余于地,而不足于民。杀所不足,而争所有余,不可谓智。宋无罪而攻之,不可谓仁。知而不争,不可谓忠。争而不得,不可谓强。义不杀少而杀众,不可谓知类。"公输般服。子墨子见王,曰:"今有人于此,舍其文轩,邻有敝舆,而欲窃之。舍其锦绣,邻有短褐,而欲窃之。舍其梁肉,邻有糠糟,而欲窃之。此为何若人?"王曰:"必为有窃疾矣。"子墨子曰:"荆之地,方五千里,宋之地,方五百里,此犹文轩之与敝舆也。荆有云梦,犀兕麋鹿满之,江汉之鱼鳖鼋鼍,为天下富,宋所为无雉兔狐狸者也,此犹梁肉之与糠糟也。荆有长松文梓,梗楠豫章,宋无长木,此犹锦绣之与短褐也。臣以三事之攻宋也,为与此同类。臣见大王之必伤义而不得。"

墨子"止楚攻宋",体现"预设前提攻矛盾"的谈辩技巧。谈辩伊始,墨子说:"北方有人侮辱我,我想借您的力量把他杀掉。"鲁班听了不高兴,于是墨子又把自己的问题加强,提出愿意奉送十镒黄金给鲁班,作为请鲁班帮助杀人的交换条件。在这种情况下,鲁班终于说出墨子期盼他说出的话:"我讲仁义不杀人。"这一句话,至为重要,等于预设墨子和鲁班辩论的共同出发前提。墨子听到这话,站起来,对鲁班再拜,紧紧抓住鲁班说的预设前提,从这一前提出发,进行严密的逻辑推论。

鲁班说:"我讲仁义不杀人。"其中暗含前提:"凡杀人是不义。"鲁班根据这一前提,可进行如下推论1:"凡杀人不义。墨子让我杀人是杀人。所以,墨子让我杀人不义。"根据这一前提,可以进行推论2:

> 凡杀人是不义。
> 杀宋国百姓是杀人。
> 所以,杀宋国百姓是不义。

从推理1进到推理2,符合思维所必须遵守的同一律和矛盾律,是有效推理。但鲁班假如进行如下推论3:

> 凡杀人是不义。
> 杀宋国百姓是杀人。
> 所以,杀宋国百姓是义(?)

推论3不符合思维所必须遵守的同一律和矛盾律,不是有效推论。"杀宋国百姓是义"的结论,不能从"凡杀人是不义"的前提中,必然推出。"凡杀人是不义"的前提,在推论3中没有贯彻到底,违反同一律。推论3的错误结论"杀宋国百姓是义",与推论2的正确结论"杀宋国百姓是不义",构成逻辑矛盾。

从道理说,鲁班承认"杀一人不义",则"杀多人更不义",决不能反过来说成"杀多人是义"。"杀一人不义,杀多人是义"的说法,自相矛盾。墨子批评鲁班:"义不杀少而杀众,不可谓知类。"讲仁义不杀一个人,却杀许多人,这是不知道类推道理。

在辩论中,指出对方议论的逻辑矛盾,以驳倒对方论点的方法,是归谬法。墨子在诸子百家中,最早经常自觉运用并总结归谬法。墨子指出,鲁班坚持攻宋,不能说是"智"、"仁"、"忠"、"强",振振有词,义正辞严,使鲁班不得不在强大的逻辑力量面前服输。

墨子在说服鲁班和楚王的过程中,从"杀一人不义",比喻说明"杀多人更不义",说明强大楚国无故攻打弱小宋国,与"富人偷窃穷邻居"的比喻同类,这是"以小比大,以浅喻深"的譬喻说明方式,是诸子百家都极善运用的论证、说服技巧。

辩论用言词战斗,又叫"舌战"。黄宗羲编《明文海》卷九十三说:"春秋战国之时势,在重口舌战伐也。""审时酌势,在口舌战伐。""数言而佩印,一战而师君。"《史记·平原君传》说:"以三寸之舌,强于百万之师。"《魏赋》说:"四海齐锋,一口所敌。"孔文举《荐祢衡表》说:"飞辩骋辞,溢气坌涌,解疑释结,临敌有余。"李白《李太白集》说,"词锋犀利""词锋不可摧。"苏东坡诗说,"宾主谈锋敌两都""笑谈謦欬生风雷",这些名言佳句,都可用于形容墨子的能言善辩。

墨子教导弟子"能谈辩者谈辩"(《耕柱》),以"谈辩"为专门的教育科目,使墨家得以推出以"辩"为总名的专著《墨经》,后人称《墨辩》,即墨家辩学。墨辩是中华先哲思维艺术的总结,与古希腊逻辑和印度因明齐名,是有中国特色的思维交际方法学。

二、明小明大:归谬术语

《尚贤下》、《尚贤中》载墨子说:现在王公大人,有衣裳不能制,找好裁缝。有牛羊不能杀,找好屠夫。有瘦马不能治,找好兽医。有危弓不能张,找好工匠。他们日常做事、言谈,知道崇尚贤人,临到治理国家大事,却不知道崇尚贤人,而任用骨肉之亲,无故富贵者,面目美好的人,这就像让哑巴当外交官,让聋子当乐队指挥,是"明小不明大"("知小不知大")的矛盾、荒谬。

《鲁问》载,墨子对老相识、楚国封君鲁阳文君说:窃一犬一猪,世上君子说是不仁,窃一国一都,却说是义。这是"知小不知大",就像看到一点白说白,看到很多白说黑,是矛盾、荒谬。

《非攻上》载墨子说:现在有人,偷别人桃李、鸡狗猪、牛马、衣裳、戈剑,天下君子说不对,是不义。杀一人,叫不义,必有一死罪。依此类推:杀十人,十重不义,必有十死罪;杀百人,百重不义,必有百死罪。天下君子说不对,是不义。看到一点黑说黑,看见很多黑说白,是黑白不分。尝一点苦说苦,尝很多苦说甜,是甘苦不辨。做小错事,为小不义,知道说不对;做大错事,为大不义,攻伐掠夺弱小国家,却不知道不对,称赞为义:这是辨别义和不义的混乱。墨子概括的"明小不明大"("知小不知大"),同他批评鲁班"不知类"一样,是归谬法的妙用。

三、古言述作:反驳范例

墨家精选归谬论证的范例,供门徒诵习、模仿。

其一:"述而不作"。《非儒》载:儒家的论题,是"君子循而不作"。"循而不作",即"述而不作"。《广雅·释言》:"循,述也。"《论语·述而》载孔子说"述而不作"。即君子只转述前人,而不自己创作。墨家从分析对方论题的逻辑矛盾入手,进行反驳:古时羿造弓,仔造甲,奚仲造车,巧垂造船。若按儒家"君子述而不作"的论点,最初发明制造弓、甲、车、船技术的羿、仔、奚仲、巧垂,都成了"小人",现在传承古代技术的皮匠、车匠,都成了"君子"。况且,现在皮匠、车匠传承的古代技术,最初一定得有人创造出来,而最初发明制造弓、甲、车、船技术的羿、仔、奚仲、巧垂,又都成了"小人",那么现在传承古代技术、作为"君子"的皮匠、车匠所遵循的,就都是"小人之道",这样必然引申出"转述小人之道,成为君子"的荒谬结论,可见"君子述而不作"的论题,不成立。

其二:"古服古言"。《非儒》载,儒家学者说:"君子必古服古言然后仁。"墨家从分析对方论题的逻辑矛盾入手,进行反驳:所谓古代的服装、语言,在古代曾经是新的,而古人穿了、说了。这些古人,因为穿了在当时是新的服装,说了在当时是新的语言,按照儒家"君子必古服古言然后仁"的观点,这些古人就不是君子。因为君子必古服古言,非古服、古言者一定是"非君子"。这样,对方的论点等于:一定要穿着"非君子"的服装,说着"非君子"的语言,才叫做仁,这不是自相矛盾和荒谬吗?可见"君子必古服古言然后仁"的论题,不成立。

四、归谬类比:理论升华

1. 定义

《小取》是中华先哲思维艺术的理论总结。其中一部分内容对墨家和诸子百家常用的归谬式类比推论的定义,做出理论性的说明:"推也者,以其所不取之,同于其所取者,予之也。""推"是墨家对中国古代先哲常用的归谬式类比推论的命名。它在范围和外延上,比现在所说的"推论"的概念狭小。现在所说的"推论"概念,范围和外延包括演绎、归纳和类比三种基本推论形式。而《小取》的"推",指的是与归谬法相结合的一种特殊的类比推论。

说《小取》的"推",指的是类比推论,是因为其推论根据,是"其所不取之"与"其所取者"两组命题类似程度的比较。"其"指辩论对方。"取"指赞成。"其所不取之",指对方所不赞成的命题。如在辩论开始,鲁班不赞成"杀多人(宋国百姓)是不义"的命题。"其所取者",指对方所赞成的命题。如在辩论开始,鲁班赞成"杀一人是不义"的命题。

说《小取》的"推",指的是与归谬法相结合的一种特殊的类比推论,是因为其推论程序是我方提出论证("予之也"):对方对于"其所不取之"与"其所取者"两组同类命题,一"取"、一"不取"构成矛盾、荒谬。如墨子论证:"杀多人(宋国百姓)是不义"和"杀一人是不义"的命题是同类,鲁班赞成"杀一人是不义"的命题,不赞成"杀多人(宋国百姓)是不义"的命题,陷于"不知类"的矛盾、荒谬。

所以,根据论述中强调重点的不同,《小取》的"推",可以叫做归谬式的类比推论,也可以叫做类比式的归谬法。

2. 规则

《小取》总结归谬式类比推论的规则,是"以类取,以类予"和"有诸己不非诸人,无诸己不求诸人"。

"以类取,以类予"规则的含义是:处于思维交际中的各方,赞成某一命题的论证,不赞成某一命题的反驳,都应根据事物类同和类异的原则。《墨子·经说上》对类同和类异的定义是:"有以同,类同也。""不有同,不类也。"即事物在某方面有共同性,叫做类同。事物在某方面没有共同性,叫做"不类"("类异")。如墨子在说服鲁班和楚王时,遵守了"以类取,以类予"的规则:论证"杀多人(宋国百姓)是不义"和"杀一人是不义",都是"不义"一类,批评鲁班赞成"杀一人是不义"的命题,却不赞成"杀多人(宋国百姓)是不义"的命题,陷于"不知类",楚王"攻宋"与"有窃疾"的邻人"为同类"。

"以类取,以类予"的规则,坚持在证明、反驳中,对同类命题采取同一肯定和否定的态度,这相当于遵守同一律的要求。《荀子·正名》说:"凡同类同情者,其天官之意物也同。"即凡同是人类,具有同样的性质,其天生的认识器官对事物形成的意念、认识也相同。我们可借用这一句话,变通解释为:凡同类事物,具有同样性质,处于思维交际中的各方,对反映该事物的命题肯定和否定的态度,应该相同(如鲁班肯定"杀一人是不义",就应该肯定"杀多人是不义",因为"杀一人"和"杀多人",同属"不义"一类)。这是思维交际中,保持语义、概念、命题逻辑同一性的本体论、认识论和语义学根据。

"有诸己不非诸人,无诸己不求诸人"规则的含义是:甲、乙命题同类,对方肯定甲命题,就不能非难我方肯定乙命题;对方不否定甲命题,就不能要求我方否定乙命题。如"杀一人是不义"和"杀多人是不义"的命题同类,鲁班肯定"杀一人是不义"的命题,就不能非难墨子肯定"杀多人是不义"的命题;鲁班不否定"杀一人是不义"的命题,就不能要求墨子否定"杀多人是不义"的命题。

"有诸己不非诸人,无诸己不求诸人"的规则,表明处于思维交际中的各方,对于同类命题,具有同等肯定和否定的逻辑权利。犹如说:"在真理面前人人平等。""在逻辑面前人人平等。"这是"有诸己不非诸人,无诸己不求诸人"规则的逻辑含义,相当于遵守矛盾律的要求。鲁班肯定"杀一人是不义"的命题,而非难墨子肯定"杀多人是不义"的命题;或者不否定"杀一人是不义"的命题,却要求墨子否定"杀多人是不义"的命题,必然陷于逻辑矛盾,违反矛盾律。

坚持"以类取,以类予"和"有诸己不非诸人,无诸己不求诸人"的规则,是坚持同一律、矛盾律的要求,以保持议论的一致性、一贯性,避免逻辑矛盾和混乱,是正确思维和成功交际的必要条件。

墨家用先秦古汉语,对"推"这种归谬式类比推论定义和规则的论述,言简意赅。"推"这种归谬类比推论论证方式,既有归谬论证的逻辑必然性,有很强的逻辑力量,又具类比说明的生动性、形象性,富有说服力、感染力,是争鸣、辩论的得力工具,行之有效,为中华先哲喜用常用。

五、归谬花开

墨家运用和总结的归谬法,具备强大的逻辑力量,为古代先哲言谈辩论所常用。

《孟子·梁惠王上》载,孟子游说齐宣王,说服齐宣王实行仁政理想,机智地向齐宣王设问说:"假定有一个人向您报告:'我的气力能举起3000斤的重量,但拿不起一根羽毛;我的眼睛明亮,足以看清秋天鸟兽新生毫毛的末端,但看不见一车柴火。'您相信吗?"齐宣王回答说:"不相信。"齐宣王如此回答,是由于孟子假定的此人议论是自相矛盾、不合逻辑的。因为,"拿不起一根羽毛",意谓着"举不起3000斤的重量",跟他说的"能举起3000斤的重量"矛盾。"看不见一车柴火",意谓着"看不清秋天鸟兽新生毫毛的末端",跟他说的"看清秋天鸟兽新生毫毛的末端"矛盾。孟子向齐宣王设问自相矛盾的故事,是为了比喻说明齐宣王施政中的矛盾。当齐宣王回答对自相矛盾的话"不相信"后,孟子立刻联系齐宣王施政中的矛盾,指出:"如今您的恩情好心能使动物沾光,却不能使百姓受惠,这就像'拿不起一根羽毛'是不肯用力,'看不见一车柴火'是不肯用眼,百姓生活不安定,是您不肯施恩。您不实行仁政,是不肯做,不是不能做。"①在辩论中,从对方议论引出矛盾,从而驳倒对方的方法,叫归谬法。孟子的归谬说词,在思维逻辑和语言艺术上占据优势,高屋建瓴,极大增强说词的论证力和说服力。孟子的归谬说词,使用"明察秋毫,不见舆薪"的比喻,已成为众所周知的成语。

不知类 善辩名手孟子,与墨子学术观点不同,攻击墨子的"兼爱"学说是"无父",是"禽兽",但孟子在辩论方式上,熟练运用墨子首创的归谬法。《孟子·告子上》说:一个人无名指弯曲不直,就到处医治,即使走到秦国、楚国都不嫌远,因为无名指不如别人。无名指不如别人,知道厌恶。心性道德不如别人,却不知道厌恶:这叫做不知类。"不知类",是墨子发明的应用归谬法的惯用语,曾用来说服鲁班,止楚攻宋,被孟子直接继承,发扬光大。《吕氏春秋·听言》记载,现在有人说:"某氏富有,房屋后墙潮湿,守门狗死了,正好可以挖洞偷他。"这一定会遭到非议。但假如说:"某国遭遇饥荒,城墙低矮,守城器具少,可以偷袭而篡夺之。"则不被非议。这里,思想内容、辩驳形式和语言运用,酷似墨子的归谬论式。东汉思想家王充,批评墨子"明鬼",也惯用归谬论式。《论衡·祭意篇》说:"知祭地无神,犹谓诸祀有鬼:不知类也。"像墨子一样,以"不知类"为说词,揭露论敌的自相矛盾。

①《孟子·梁惠王上》:有复于王者曰:"吾力足以举百钧,而不足以举一羽;明足以察秋毫之末,而不见舆薪。则王许之乎?"曰:"否。""今恩足以及禽兽,而功不至于百姓者,独何与? 然则一羽之不举,为不用力焉,舆薪之不见,为不用明焉,百姓之不见保,为不用恩焉。故王之不王,不为也,非不能也。"

窃钩者诛 道家先哲庄子常攻击墨子,但他喜用墨子的归谬论辩方式,语言简练,词锋犀利。《庄子·胠箧》载,庄子说:"窃钩者诛,窃国者为诸侯。"窃一腰带钩,要杀头;窃一国,不杀头,做诸侯。司马迁《史记·游侠列传》更将这个简练的归谬论式简化为:"窃钩者诛,窃国者侯。"唐司马贞《史记索隐》解释"窃钩者诛"说:"以言小窃,则为盗而受诛也。"小偷小摸,被称为盗贼,而杀头。言外之意,"窃国者侯",窃国大盗,不被称为盗贼,不杀头,做诸侯。这个归谬论式,变为成语流传。

不明类 《淮南子·泰族训》记载,手指头弯曲,都会设法使它伸直,但心思堵塞不通,则无人知道一定要设法打通,这是"不明于类"("不知类")的错误。这也是模仿墨子的归谬论式。

诗咏"智驳公输:推式推论":

> 义不杀少而杀众,墨子归谬鲁班服。
>
> 攻宋类同有窃疾,九设攻城九比输。
>
> 害命犹有弟子在,和平更赖强备武。
>
> 论证说服多技艺,止楚攻宋扬千古。

第五节 告父偷羊:止式推论

一、父子相隐

《论语·子路》等古籍,记载"告父偷羊"的故事:楚国叶县人叶公子高对孔子说:"我家乡有个坦白直率的人,他父亲见别人家的羊走过来,便偷取了。这位做儿子的,便亲自向官府告发。"孔子说:"我们那里的坦白直率,跟你说的不同:父亲替儿子隐瞒,儿子替父亲隐瞒,其中就包含着坦白直率。"[1]古籍把这一故事,定名为"证父攘羊",即告父偷羊。《说文》:"证,告也。""证"即告发、揭发、检举。

---

[1] 《论语·子路》:叶公语孔子曰:"吾党有直躬者,其父攘羊,而子证之。"孔子曰:"吾党之直者异于是:父为子隐,子为父隐,直在其中矣。"《庄子·盗跖》:直躬证父。《韩非子·五蠹》:楚之有直躬,其父窃羊,而谒之吏。《吕氏春秋·当务》:楚之有直躬者,其父窃羊,而谒之上。高诱注:谒,告也。上,君也。《淮南子·泛论训》:直躬,其父攘羊,而子证之。高诱注:直躬,楚叶县人也。凡六畜自来,而取之,曰攘也。刘宝楠《论语正义》:躬盖名,其人必素以直称者,故称直躬。直举其行,躬举其名。

以这一故事为肇端,在战国时期思维表达的语境中,曾引发儒墨不同观点的辩论。《墨经》以由此肇端的儒家观点,为针对性实例,给出关于止式推论的重要理论总结。这一精深独到的逻辑理论总结,在墨辩和全部中国古代逻辑的语境中,具有无与伦比的标志性意义,亟需予以批判性说明和分析。

从语言约定俗成的意义说,隐瞒过失和坦白直率,是对立概念。隐是隐藏不露。《说文》:"隐,蔽也。"瞒是隐藏实情。坦白直率(坦率),是不隐瞒欺诈。孔子说,父子互相隐瞒过失,其中就包含着坦白直率。孔子所谓的"直",可以理解为"依据人之天性而行事"。父子之间的相互关怀爱护是人之天性,因此,父子之间相互隐瞒过失,是出于相互关爱的天性,可以称得上"直"。孔子这一说法是出于维护当时宗法私有制家族的稳定和以家族为单元的整个社会的安定,这一说法被后世儒家学派以不同的方式阐发。但墨家学派从维护农业、手工业小私有财产者的利益出发,从日常是非观和思维表达方式上,对以这一故事为肇端的儒家观点,提出饶有深意的批判分析,催生了中国古代逻辑中最为典型生动的重大理论发现。

二、是非区分

墨子有鲜明的是非观,主张在国家、社会的政治、伦理生活中,积极运用批评武器,维护农业、手工业小私有财产者的正义观和真善美的理想原则。

《非攻上》载墨子说:现在有人,进入别人果园,偷桃李,众人听到会非难,当政者抓住会处罚。这是什么缘故?因为损人利己。偷别人狗猪鸡,不义之程度超过进入别人果园偷桃李。这是什么缘故?因为损人更多,更不仁,罪更大。闯入人家牲口棚,偷别人马牛,不仁义之程度超过偷别人狗猪鸡。这是什么缘故?因为损人更多,更不仁,罪更大。

在法律承认私有财产为合法的社会里,偷别人牲畜,为道德舆论所非难,官府所处罚。父亲偷别人的羊,依墨子的观点,应是一种过失,即"是非"(真理和错误)这对矛盾中的"非"(错误),与公认的基本伦理道德标准不合,应该受到批评。

墨家把批评,叫做"诽"。《经上》第30条定义说:"诽,明恶也。""诽"就是指明缺点、错误和不好的方面。清代段玉裁《说文解字注》:"诽之言非也。""诽"就是指明别人之"非"(错误)。《经下》第179条说"诽之可否",

"说在可非",即批评的正确性在于,被批评的观点确有错误。《经下》第180条说"非诽者悖",即否定一切批评的人,会陷于自相矛盾。《经说下》解释说:"不非诽,非可非也。"即不否定一切批评,那么有错误,就可以非难(批评)了。墨家把批评武器的应用,看作维持正常合理政治、伦理生活的必需。

三、论战方术

针对儒家"父子互隐"的说法,墨家提出"圣人有非而不非"的批评,墨家所批评的论点《经上》第99条的意思,即圣人见别人有错误,而不批评。前一"非"字,解作"错误",后一"非"字,解作"批评"。并从这一争辩中总结系统的逻辑理论。

1. 理论升华

《经上》第99条说:"止,因以别道。"这是"止"式推论定义。"止"式推论,是区别、限制一般性道理的方法。"止"指"以反例反驳全称命题"的推论方式。"因以":用来。"别":区别、限制。"道":一般性道理、一般命题、全称命题。

《墨子》使用"止"字80次,有不同语义。一指"停止",这是物理学意义。《经说上》第43条说:"俱止、动。"指一个宏观机械物体,所有部分都停止,或所有部分都运动。《经上》第51条说:"止,以久也。"停止需要耗费时间。"无久之不止",指物理学概念,无穷小时间的运行。"有久之不止",指物理学概念,有穷长时间的运行。这两个"不止",都指"不停止",相当于"行"。《经上》第99条"止,因以别道"中"止"的意义,是"反驳",这是逻辑意义,是"停止"这一物理意义的转意。

止式推论的步骤之一,是以正确反例,反驳对方错误的全称命题。《经说上》第99条解释说:"彼举然者,以为此其然也,则举不然者而问之。若'圣人有非而不非'。"对方列举一些正面事例,用简单枚举归纳推理,轻率概括出不正确的全称命题。如对方说:

> 甲圣人见人有非而不非。
> 乙圣人见人有非而不非。
> ……
> ∴ 所有圣人见人有非而不非。……命题1

形式是：

$$M_1 \text{ 是 } P$$
$$M_2 \text{ 是 } P$$
$$\cdots\cdots$$
$$\overline{\text{所有 } M \text{ 是 } P}$$

命题1"所有圣人见人有非而不非"，这是一个全称肯定命题，形式是：

所有 M 是 P

这时，我就列举反例，加以问难。如我说："墨子是圣人，而墨子并非见人有非而不非。"于是以下命题成立：

有圣人不是见人有非而不非。……命题2

命题2是一个特称否定命题，形式是：

有 M 不是 P

从逻辑上说，命题2"有圣人不是见人有非而不非"真，则命题1"所有圣人见人有非而不非"必然假。以下推论成立：

有圣人不是见人有非而不非。
∴ 并非"所有圣人见人有非而不非"。

形式是：

有 M 不是 P
∴ 并非所有 M 是 P

　　用反例驳斥对方全称命题的方式，相当于西方逻辑中以特称否定命题真，证明全称肯定命题假的对当关系直接推论。如用"有天鹅不是白的"，反驳"所有天鹅是白的"：

有天鹅不是白的。
∴ 并非"所有天鹅是白的"。

此式推论反驳归纳的步骤，见表8。

LOGIC

表8　止式归纳

今日表达	简单枚举归纳推理前提	简单枚举归纳推理结论	列举反例反驳
墨家表达	彼举然者	以为此其然也	则举不然者而问之
符号表达	M_1 是 P M_2 是 P ……	所有 M 是 P	有 M 不是 P
墨家实例	甲圣人见人有非而不非； 乙圣人见人有非而不非； ……	所有圣人见人有非而不非	有圣人不是见人有非而不非

　　止式推论的步骤之二,是从反驳对方错误的推论前提,怀疑对方演绎的个别结论。《经说下》第101条说:"彼以此其然也,说是其然也。我以此其不然也,疑是其然也。"对方列举一些正面事例,用简单枚举归纳推理,轻率概括出不正确的全称命题,并进而用这一不正确的全称命题,演绎推论出个别结论。如对方推论说:

　　　　所有圣人见人有非而不非。
　　　　墨家的圣人是圣人。
　　　　∴ 墨家的圣人见人有非而不非。

形式是:

　　　　所有 M 是 P
　　　　所有 S 是 M
　　　　∴ 所有 S 是 P

这是一个正确的直言三段论推理,形式有效。我方则通过反驳对方错误的演绎推论前提,怀疑对方演绎推理的结论。我用"并非所有圣人见人有非而不非"(有圣人不是见人有非而不非),反驳对方演绎推理前提"所有圣人见人有非而不非",怀疑对方演绎推理结论"墨家的圣人见人有非而不非"的可靠性。

　　墨家通过反例,证明"有圣人不是见人有非而不非"(并非所有圣人见人有非而不非),则对方论点,已经通过"止"式推论,被区别、限制为"有圣人见人有非而不非",用这一命题为前提,进行如下演绎推论:

　　　　有圣人见人有非而不非。

墨家的圣人是圣人。

∴ 墨家的圣人见人有非而不非。

这一推论,非有效。从逻辑上说,这一三段论推理的中项"圣人",在前提中两次不周延(一次作为特称命题的主项,一次作为肯定命题的谓项),违反"三段论推理中项须周延一次"的规则。形式是:

有 M 是 P

所有 S 是 M

∴ 所有 S 是 P(?)

这里中项 M 两次不周延,结论可疑,推理非有效。

　　当演绎推理的一个前提不真时,结论可能假。我方反驳对方错误的演绎推理前提,怀疑对方演绎推理结论的可靠性。一个"疑"字,道出对方演绎推理的可疑性、非必然性和非有效性。止式推论反驳演绎的步骤,见表9。

表 9　止式演绎

	演绎推论前提	演绎推论结论	反驳演绎推论前提	怀疑演绎推论结论
墨家表达	彼以此其然也	说是其然也	我以此其不然也	疑其然也
符号表达	所有 M 是 P [所有 S 是 M]	∴ 所有 S 是 P	并非"所有 M 是 P"	怀疑"所有 S 是 P"
墨家实例	所有圣人见人有非而不非;[墨家的圣人是圣人]	墨家的圣人见人有非而不非	并非"所有圣人见人有非而不非"	怀疑"墨家的圣人见人有非而不非"

　　止式推论的规则,是同类相推;不同类不相推。

　　《经下》第101条说:"止,类以行之,说在同。"《经上》第98条说"法异则观其宜。"《经说上》解释说:"取此择彼,问故观宜。以人之有黑者、有不黑者也,止黑人,与以有爱于人、有不爱于人,止爱人,是孰宜?"这是在谈论"止"式推论的规则,即同类相推。

　　如我方所列举的反例,必须要跟我所反驳的对方命题属于同类,才能针锋相对,驳倒对方。对方列举若干正面事例,说甲是黑的,乙是黑的等,甲、乙等是人,所以,所有人都是黑的。我方则举出反例说,丙是白的,丁是白的等,丙、丁等是人,所以,有人是白的(即有人不是黑的),进而推出"并非所有人都是黑的"。

　　这里，用"有人不是黑的"，作为"止"式推论的前提（论据，即"故"），反驳对方"所有人都是黑的"，是合适、有效（宜）的。因为这前提（论据、故）和被反驳的论题，都是关于同类事物（人的肤色）。

　　反之，不同类不相推。如墨家主张"兼爱"，即一切人应该爱一切人。这是墨家最高的道德理想，并不是立刻要在现实生活中一个不漏地实现爱、利每一个人。有的人（如侵略者，强盗等"暴人"）就不能被爱、利，而应该"恶"（厌恶），甚至为了正当防卫，而诛讨侵略者、诛杀强盗。《非儒》论证，对于攻伐掠夺弱小国家的"暴残之国"，"圣将为世除害，兴师诛罚"，不让"暴乱之人也得活"。《小取》论证"杀盗非杀人"的论点，意即杀强盗不算犯杀人罪。不能用"现实有人不被人爱"，作为"止"式推论的前提（论据，即"故"），反驳"一切人应该爱一切人"的最高理想，这样来构造"止"式推论，是不合适的，无效（不宜）的。

　　这里墨家列出两个止式推论：

　　第一个推论，用来反驳的论据，是"有人不是黑的"。被反驳的论题，是"所有人是黑的"。二者都是关乎事实的，属于真值的逻辑。

　　第二个推论，用来反驳的论据，是"有人不被人爱"，是关乎事实的，属于真值逻辑的范围。而被反驳的论题，是"一切人应该爱一切人"，是关乎道德理想、目标、义务、规范模态逻辑（道义逻辑）的范围。

　　这两个推论的法式、形式不同（"法异"），属于不同的逻辑领域、分支、范围和语境。前一推论是合适、有效（"宜"）的，符合同类相推的规则和同一律。后一推论是不合适、非有效（不宜）的，不符合同类相推的规则和同一律。

　　即推论一：

　　有人不是黑的（事实）。
　　∴并非"所有人是黑的"（事实）。

这一推论，前提和结论都是关乎事实的，符合"类以行之"（同类相推，同一律）的规则、规律。所以，是有效的。

　　推论二：

　　有人不被人爱（事实）。
　　∴并非"一切人应该爱一切人"（理想）。

这一推论，前提和结论分别是关乎事实和理想的，不符合"类以行之"（同类相推,同一律)的规则、规律,所以无效。

墨家运用"止式推论"武器,积极展开论战。当时的阴阳五行家,用简单枚举归纳推理,从日常观察中列举若干正面事例,轻率概括出"火克金、金克木、木克土、土克水、水克火"等所谓"五行常胜"的形而上学、机械论的公式。

《墨经》则列举反例,证明可以有"金克火"等反例,从而归纳出"五行无常胜"的辩证公式(《经说下》第144条),分析一种元素之所以能克胜另一种元素,不是为某种先天、先验的公式所决定,而是由于它在某种具体情况下占优势的缘故。《经说下》第144条说:"火铄金,火多也;金靡炭,金多也。"在某种情况下,火之所以能销烁金属,是由于火占优势。在另一种情况下,金属之所以能压灭火,是由于金属占优势。一切以具体环境、条件为转移。

"若识麋与鱼之数惟所利":犹如某山麋鹿多,某渊鱼鳖盛,都是由于具体环境、条件,对某种动物繁殖生长有利的缘故。

《论语·里仁》记载,孔子主张"以礼让为国"。《学而》载,子贡说:"夫子温、良、恭、俭、让以得之。"儒家学者提倡"所有事情都要让",墨家认为"不可"。《经下》第137条说:"无不让也,不可,说在酤。"《经说下》解释说:"让者酒,未让酤也,不可让也,若酤于城门,与于臧也。"即说"所有事情都要让",是不可的。例如宴请宾客,喝酒可以让,但酤酒(买酒)让人,却于理不合。如果要到城门内买酒,则指派家中仆人臧去,不能让宾客去。

止式推论,是一种复杂的综合性推论,其中有机结合了归纳、演绎等不同的推论形式,以及对于不正确归纳、演绎的反驳等不同论证方法,是一种有力的论证工具。墨家在百家争鸣中,用"止"式推论,驳斥论敌的学说,证明自己的学说。这是中华先哲思维艺术深刻、精到的应用和理论总结,与现代逻辑相通。墨家总结"止"式推论的理论、方法、规则和规律,适用于现代人的思维表达。

诗咏"告父偷羊:止式推论":

> 止式推论有规律,全称命题有反例。
> 前提若有错误处,演绎结论终可疑。
> 同类相推才适宜,异类相推不合理。
> 逻辑产生不神秘,辩论技巧有逻辑。

第五章 论证技巧(下)

第一节 老马识途:演绎推论

一、找路和找水

《韩非子·说林上》载,一年春天,管仲、隰朋跟随齐桓公,征伐孤竹国。冬天返回,迷失道路。管仲说:"老马智慧可用,因为老马识途。"把老马放开,老马带路,众人跟随,果然找到归途。

走到深山缺水。隰朋说:"蚂蚁冬天住向阳坡,夏天住背阴坡。蚂蚁窝下可找到水。"在蚂蚁窝下掘地,果然找到水源。①

凭借管仲的圣明和隰朋的智慧,遇到不知的事物,可以让老马和蚂蚁当老师。这个故事包含以下推论:

> 所有老马识途。
> 这些马是老马。
> 这些马识途。
>
> 蚂蚁窝下可找到水。

---

① 《韩非子·说林上》:管仲、隰朋从桓公伐孤竹,春往冬反,迷惑失道。管仲曰:"老马之智可用也。"乃放老马而随之,遂得道。行山中,无水。隰朋曰:"蚁冬居山之阳,夏居山之阴,蚁壤寸而有水。"乃掘地,遂得水。以管仲之圣,而隰朋之智,至其所不知,不难师于老马与蚁。

> 这里是蚂蚁窝。
> 这里可找到水。

这是从一般推出个别的演绎推论。

王戎，西晋临沂人。《晋书·王戎传》、《世说新语》载，王戎自幼聪明，六七岁时看戏，猛兽在笼中怒吼，众人奔逃，只有王戎站立不动，神色自若。魏明帝见状惊奇。王戎判断：猛兽在笼中怒吼，必不能伤人。这是正确判断。

王戎跟儿童在道边游戏，众人见李树多实，争着摘，只有王戎站立不动。有人问他原因。王戎说："李树在道边，而多子，必苦李也。"亲口一尝，果然是苦李。这也是正确判断。

王戎的推论是：

> 李树在道边，而多子，必苦李也。
> 这棵李树在道边，而多子。
> 必苦李也。

这是正确的演绎推论。王戎遇事，正确判断推论，所以能处变不惊，理智清醒。

二、推论知识

《经下》第171条说："闻所不知若所知，则两知之，说在告。"《经说下》解释说："在外者，所知也。在室者，所不知也。或曰："在室者之色若是其色。"是所不知若所知也。犹白若黑也，孰胜？是若其色也，若白者必白。今也知其色之若白也，故知其白也。夫名以所明正所不知，不以所不知疑所明。若以尺度所不知长。外，亲知也。室中，说知也。"

听到别人说自己所不知道的东西，与所知道的东西一样，则不知和知两方面就都知道了，论证的理由在于，这是以别人告诉的知识，作为中间环节，而推论出来的知识。在室外的东西是自己所知道的（亲知）。在室内的东西是自己所不知道的。有人告诉说："在室内的东西的颜色与在室外的东西的颜色是一样的。"（闻知）这就是所不知道的东西，与所知道的东西一样。"若"（像）字的意思，就是一样。假如一个思想混乱的人说："白若黑。"那究竟是"像白"，还是"像黑"呢？所谓"这个颜色像那个颜色"，如果像白，那就必然是白。现在知道了它的颜色像白，就推论出来一定是白的。

所谓概念和推论，是以所已经明白的知识为标准，衡量还不知道的东西，而不能倒过来，以还不知道的东西为根据，怀疑所已经明白的东西。这就像用尺子，量度还不知道的长度。室外的东西是"亲知"，室内的东西是"说知"。

这是以"亲知"和"闻知"为前提，用演绎推论导出新知。其中包含推论实例：

（亲知）室外之物颜色是白的。

（闻知）室内之物颜色是室外之物颜色。
（说知）室内之物颜色是白的。

墨家把推理、论证（推论），统称为"说"。"说"的本意，是说明和解说。《经上》第 73 条说："说，所以明也。"在中国古代逻辑中，"说"指广义的推论（包括推理、证明和反驳）。《小取》说："以说出故。""说"的实质，是揭示"辞"（推理的结论，论证的论题）成立的理由、根据。

《经下》和《经说下》表达的结构，是"以说出故"形式的运用。它一般是在《经下》先列出论题，然后以"说在某某"的形式，简明地标出论题之所以成立的理由（事实或道理），而《经说下》则予以解说展开。整篇《经下》和《经说下》，由论题、论据和论证组成，是表达"说知"（推论之知）的典范。

演绎推论，是用讲道理的方法，进行论证，达到说服目的。墨家列举具体推论事例，用古汉语自然语言进行理论说明，没有如西方那样，使用人工语言符号来代表逻辑常项和变项，从而概括出推论的一般形式，而是用古汉语特殊词汇和特殊构词、构句方法，表示逻辑变项和逻辑常项。

《经说下》第 101 条说："以此其然也，说是其然也。""说"：推论。"是"：这个。"此其然"，理解为"一类事物全体都是如此"。《经说上》第99 条说："彼举然者，以为此其然也。"对方列举一些如此这般的正面事例，推论出"一类事物全体都是如此"，要"举不然者而问之"。

由"此其然"到"是其然"的推论过程，是由一般到特殊和个别的演绎推论。这是墨家第一层次的元研究。

《墨经》用古汉语表达的逻辑知识，不易为熟悉西方逻辑的现代人读懂。弘扬《墨经》逻辑精华，必须用现代科学和语言，进行重新诠释，这是现代学者第二层次的元研究。

从所举推论实例，抽出推理形式，用汉字"所有"、"是"表示逻辑常项

（量项和联项），用英文字母 S、M、P 表示逻辑变项，即：

> 所有 M 是 P
> 所有 S 是 M
> ————————
> 所有 S 是 P

进一步把用汉字"所有"、"是"表示的逻辑常项（量项和联项），代换为英文字母 A（表全称肯定）：

> MAP
> SAM
> ————
> SAP

毛泽东在中华人民共和国第一届全国人民代表大会第一次全体会议上的开幕词说："我们的事业是正义的。正义的事业是任何敌人也攻不破的。"包含以下推论：

> 正义的事业是任何敌人也攻不破的。
> 我们的事业是正义的事业。
> ————————————————————
> 我们的事业是任何敌人也攻不破的。

这是三段论演绎推论。

三、几个典故

王充论无鬼　东汉哲学家王充《论衡·论死篇》批评"人死为鬼"论说："人死血脉竭，竭而精气灭，灭而形体朽，朽而成灰土，何用为鬼？"包含如下推论：

> 人死血脉竭。
> 竭而精气灭。
> 灭而形体朽。
> 朽而成灰土。
> ——————————
> 人死成灰土。

潘季驯治河　明代水利家潘季驯，浙江吴兴人，嘉靖进士，四任"总理河道"（治黄总督）27 年，著《河防一览》、《两河经略》。他说："治河者，必先求河水自然之性，而后可施其疏筑之功。""欲顺其性，先惧其溢。惟当缮治堤防，俾无旁决，则水由地中，沙随水去，即导河之策也。"潘季驯充分认识黄河水性："河水一斗，沙居其六，伏秋则居其八。非极湍急，必至停滞。"提出"以水治水"、"以堤束水，以水刷沙"之法，以"束水攻沙"为第一要义。筑堤挡水，加快流速，以水的冲蚀力带走泥沙，避免河床淤积，决堤泛滥，有利农业生产。潘季驯推论说："水分则势缓，势缓则沙停，沙停则河饱。尺寸之水，皆由沙面，止见其高。水合则势猛，势猛则沙刷，沙刷则河深。寻丈之水，皆由河底，止见其卑。筑堤束水，以水攻沙，水不奔溢于两旁，则必能直刷于河底，一定之理，必然之势，此合之所以愈于分也。"潘季驯所谓"必先求河水自然之性"、"一定之理，必然之势"，然后"顺其性"，施"疏筑之功"，就是求真务实，按规律办事。其立论科学，富有哲理。潘季驯的推论式如下：

水分则势缓。
势缓则沙停。
沙停则河饱。
水分则河饱。

河饱则漫溢、决口，有水患。

水合则势猛。
势猛则沙刷。
沙刷则河深。
水合则河深。

河深则不溢、不决，无水患。其推论的必然性，增强了论点的科学性和说服力。

李世民论节欲 《资治通鉴》卷一百九十二载，公元前 646 年，唐太宗李世民与群臣讨论打击盗贼的办法。有人说，应该用"重法以禁之"。李世民笑着说："老百姓之所以变为强盗，是由于赋税和徭役繁重，官吏贪求，人民饥寒切身，所以没有工夫顾及廉耻。我应当去除奢华，节省费用，轻徭薄赋，选用廉洁的官吏，使人民衣食有余，那么就不会做强盗了，哪里需要用重法呢？"李世民的办法，实行数年，海内升平，路不拾遗，夜不闭户，商旅野宿，没有危险。李世民常对侍臣说："君主依靠国家，国家依靠人民，对人民苛刻,以供奉君主,犹割肉以充腹,腹饱而身死,君富而国亡,所以人君的祸患,不从外来,常由自身出来。欲盛则费广,费广则赋重,赋重则民愁,民愁则国危,国危则君丧。我常思索这一点,不敢纵欲。"这里包含如下推论:

> 欲盛则费广。
>
> 费广则赋重。
>
> 赋重则民愁。
>
> 民愁则国危。
>
> 国危则君丧。
> ──────────
> 欲盛则君丧

这个推论,有积极的认识意义和实践价值。

文章夸海口　有一首自夸文章的打油诗:

> 天下文章数三江,三江文章数我乡。
>
> 我乡文章数我弟,我弟跟我学文章。

文章从"天下"、"三江"、"我乡"、"我弟"到"我",水平越来越高,最后推出"天下文章数我高"的结论。这里语言表达的特点,是前句结尾,作后句开头,环环相扣,表达递进的事理。

诗咏"老马识途:演绎推论":

> 蚁壤有水能解渴,老马识途智可用。
>
> 闻所不知若所知,说知推论超时空。
>
> 说出论据明道理,以说出故成论证。
>
> 古今中外用推论,世界逻辑本贯通。

第二节　象牙筷子:归纳推论

一、见微知明

《韩非子·说林上》载纣王做象牙筷子的故事:纣王做象牙筷,使太师箕子担忧。箕子推论:用象牙筷,必不用土碗盛羹,必用犀角碧玉杯。用玉杯、象牙筷,必不吃菜粥,必吃象尾豹胎、山珍海味。吃象尾豹胎、山珍海味,必不穿黑粗布褂、住茅草房,必穿锦绣衣、住高门大屋。依此类推,必挥霍天下财富。圣人能够从事物微小苗头,推知发展大局,从端倪推知后果。箕子从纣王做象牙筷子的个别事例,推知一般道理,预料纣必亡的结局:

> 纣王做象牙筷→必不用土碗盛羹→必用犀角碧玉杯→必不吃菜粥→必吃象尾豹胎、山珍海味→必不穿黑粗布褂、住茅草房→必穿锦绣衣、住高门大屋→必挥霍天下财富→纣必亡

这是从个别事例推知一般结论的归纳推论。①

二、尝鼎一脔

《吕氏春秋·察今》说:懂得道理的人,可贵的是由近处推知远处,由现在推知过去,由已知推未知。审查屋外阴影的迁移,推知时间和季节的变化。看见一瓶水结冰,推知气候的寒冷和鱼鳖的冬眠。尝一块肉,推知一锅肉的滋味。这些事例,都是归纳推论。

《淮南子·说山训》说:在天平两端各放上羽毛和木炭,木炭的吸湿性大于羽毛,木炭重可推知空气湿度大:这是由小范围推知大范围。看见一片树叶随风飘落,可推知秋冬季节的交替:这是由近处推知远处。这都是归纳推论。

"尝一脔肉,而知一镬之味,一鼎之调"的归纳推论事例,被简化为"尝鼎一脔"成语。尝鼎中一块肉味,推知全鼎肉味,比喻根据部分,推论全体。"脔":肉块。"鼎":古代煮肉器。唐马总《意林》卷一《题意林三绝句》:"尝鼎一脔知味全。"宋阮阅《诗话总龟后集》卷二十:"尝鼎一脔,可以尽知其味。"宋李光《庄简集·与胡邦衡书》:"尝鼎一脔,窥豹一斑,亦足见其大略矣。"

"尝鼎一脔"的成语,被简化为"鼎脔"。《四库全书》收录《诗家鼎脔》,记述95位诗人,每人标里居、字号,录诗多者10余首,少者一两首,取名"鼎脔",比喻以少知多。宋李光《与胡邦衡书》说:"未能遍读,然尝鼎一脔,窥豹一斑,已足见其大体矣。"如此理解的"窥豹一斑"成语,也有归纳意义。

归纳推论是由局部推知全局,个别推知一般。《荀子·非相》说:"欲

---

① 《韩非子·说林上》:纣为象箸,而箕子怖。以为象箸,必不盛羹于土铏,则必犀玉之杯。玉杯、象箸,必不盛菽藿,则必旄象豹胎。旄象豹胎,必不衣短褐,而舍茅茨之下,则必锦衣九重,高台广室也。称此以求,则天下不足矣。圣人见微以知明,见端以知末。

观千岁,则审今日。欲知亿万,则审一二。""以近知远,以一知万,以微知明。"

亚里士多德说:"归纳是从个别到一般的过程。"[1]牛顿说:"特殊命题从现象中推出,然后通过归纳使之成为普遍命题。物体的不可入性、可动性和冲力以及运动定律和万有引力定律就是这样发现的。"[2]归纳推论的特点,是用摆事实、举事例的方法论证,以达到说服的目的。

三、枚举归纳

《墨子·法仪》说:

> 百工为方以矩。
>
> 为圆以规。
>
> 直以绳。
>
> 正以县。
>
> 平以水。
>
> 故百工从事,皆有法所度。

墨子列举各种工匠制作方、圆、直线、垂直和水平器物,须以矩尺、圆规、墨斗、悬垂和水平仪为标准,归纳出各种工匠操作,都需有标准遵循,就是枚举归纳推论。墨子论证、说服,常用枚举归纳推论。枚举归纳推论,是列举若干同类事例,而推出一般结论。《经说上》第99条说:"彼举然者,以为此其然也。"对方列举若干正面事例,从中推出一般命题。形式是:

M_1 是 P

M_2 是 P

······

所有 M 是 P

秦代政治家李斯,楚国上蔡(今河南)人,年少时为郡小吏,掌管乡内文书,后跟从荀子学习治国方术,战国末入秦,做秦相吕不韦的门客,有机会游说秦王政(秦始皇),被任为客卿。公元前237年(秦王政10年),韩国水利家郑国建议开凿灌溉渠,秦宗室大臣借口这是间谍行为,要求秦王"一切

---

① 亚里士多德:《工具论》,北京:中国人民大学出版社1990年版,第366页。

② 牛顿:《自然哲学的数学原理》第2卷,1967年英文版,第547页。

逐客",全部驱逐来自各诸侯国的人。

李斯在被驱逐的道上,上书秦王说,先王缪公求士、孝文用商鞅、惠王用张仪、昭王得范雎等,都说明外来宾客的功劳。李斯摆事实,讲理由,归纳秦国任用客卿所呈现的优势,说服秦王废除"一切逐客"的命令。秦王派人追李斯到骊邑,把他从被驱逐的道上请回,复官为廷尉。李斯用20余年之功,帮助秦王统一天下,被任为丞相。

枚举归纳,应注意防止"强率概括"的错误。明刘元卿《应谐录》载,河南汝州一位农民,家产很多,几代人不识字。一年,汝州人从湖北聘老师,教儿子认字,写一画,说是"一"字;写两画,说是"二"字;写三画,说是"三"字。儿子高兴地扔下笔,对父亲说:"我知道啦,可不必麻烦先生,多花学费,把他辞了吧!"

父亲高兴地听了儿子的话,辞退了先生。过些时,父亲请姓万的亲友喝酒,叫儿子早晨起床就写请帖,很久没有写成,父亲催促儿子。儿子愤怒说:"天下姓多得很,怎么姓万! 从早晨起床,到现在,才写完500画!"儿子从"一"至"三"3个数字的部分规律,仓促归纳出"数字是多少,就有多少画"的整体规律,犯"强率概括"的逻辑错误。

四、典型分析

毛泽东说:"如果有问题,就要从个别中看出普遍性。不要把所有的麻雀统统捉来解剖,然后才证明'麻雀虽小,肝胆俱全'。从来的科学家都不是这么干的。"[①]"麻雀虽然很多,不需要分析每个麻雀,解剖一两个就够了。"[②]

典型是一类事物中代表一般情况的个别事例。一两个麻雀,是一般麻雀的典型。解剖一两个麻雀,证明"麻雀虽小,肝胆俱全",了解所有麻雀的生理结构和功能,是典型分析式的科学归纳推论。

墨家近似典型分析式科学归纳推论的术语,是"擢"。《经下》第151条说:"擢虑不疑,说在有无。"《经说下》解释说:"疑无谓也。臧也今死,而春也得之,必死也可。"《说文》:"擢,引也。"

---

① 毛泽东1955年10月11日在中国共产党第七届中央委员会第六次全体会议(扩大)上的讲话。
② 毛泽东1956年9月25日同拉丁美洲人士的谈话。

擢是从个别推知一般的思考,相当于典型分析式的归纳推论。抽出的一般规律,是否令人坚信不疑,关键就在于这事例中,是否确实存在此种必然联系。《经说上》第 84 条说:"必也者可勿疑。"必然性是事物不可能不如此的性质,怀疑是没有根据的。如在当时条件下,臧得某种不治之症而死,春感染这病,推知她必死无疑。

典型分析式的科学归纳推论,可用如下公式表示:

　　　　所有 S 是 P,其类在 S_1

《大取》说:"凡兴利,除害也,其类在漏壅。"凡兴办对人民有利的事,必然包含着除害的因素(所有 S 是 P),如筑堤防、兴修水利,即包含革除水患、堵河水的溃漏(S_1)。"所有 S 是 P"为一般命题,"其类在某某"是列举一般命题所由以引出的典型事例(S_1)。所谓"类",就是代表本质或一般情况的个别事例,即典型。

《大取》类似"所有 S 是 P,其类在 S_1"的形式,在《经下》被规范为类似"所有 S 是 P,说在 S_1"的形式。"所有 S 是 P"代表一般定律,S_1 代表这一定律所由以抽出的典型事例。其中"说在"的字样,意谓着一般定律的事实证明、事实证据。《经下》第 129 条说:"倚者不可正,说在梯。"斜面的特点,是与地面不垂直,典型事例是车梯(带轮的梯子,可搬运重物或登梯爬高)。

《经下》第 166 条说:"一法者之相与也尽类,若方之相合也,说在方。"《经说下》解释说:"方尽类,俱有法而异,或木或石,不害其方之相合也。尽类犹方也,物俱然。"即跟一个共同标准相合的东西,属于一类,就像与标准的方形相合的东西,都属于方类,论证的事例在于分析方形的同异。所有方形的东西,都属于一类,它们都合乎方形的法则,又有不同,或者是木质的方,或者是石质的方,都不妨害其方形边角相合。一切同类的事物,都与方形的道理一样,所有事物都是如此。

《大取》和《经下》类似"所有 S 是 P,其类在 S_1"、"所有 S 是 P,说在 S_1"的形式,酷似印度逻辑(因明)的公式和实例:

　　　　公式:同喻体 + 同喻依
　　　　实例:所有人为制造出来的是非永恒的,如瓶

《墨经》"所有 S 是 P,其类在 S_1"、"所有 S 是 P,说在 S_1"的表达,表明其科学思想的产生,一般规律的概括,凭借对典型事例的分析。在认识个别事

例必然联系的基础上,可以正确引出一般知识。这是典型分析式的科学归纳推论。《墨经》典型分析科学归纳推论对照,见表 10。

表 10 典型归纳

《经下》公式	……说在……
解释	所有 S 是 P,说在 S_1
《经下》实例	倚者不可正,说在梯
《大取》公式	……其类在……
解释	所有 S 是 P,其类在 S_1
《大取》实例	凡兴利,除害也,其类在漏瓮
因明公式	同喻体 + 同喻依
解释	所有 S 是 P,如 S_1
因明实例	所有人造的是非永恒的,如瓶

明邓玉函、王征《奇器图说》卷一论述自然科学方法:"如通一体,则他体可以相推。"这是指典型分析式的科学归纳推论。

恩格斯说:"蒸汽机已经最令人信服地证明,我们可以加进热而获得机械运动。十万部蒸汽机并不比一部蒸汽机能更多地证明这一点"。[1] 十万部蒸汽机是一般情况,一部蒸汽机是其中的典型。分析一部蒸汽机,可知十万部蒸汽机,都是"加进热而获得机械运动"的一般情况,这是典型分析式的科学归纳推论。

五、探求因果

《淮南子·说山训》说:"得隋侯之珠,不若得事之所由。""由":原由、因由、原因。认为得到名贵珠宝,不如发现事物的因果联系。古希腊哲学家德谟克利特说,发现一个事物的原因,胜过获得波斯王位。《墨子·非命》载墨子求同法的科学归纳推论:

夏桀暴王执有命。

商纣暴王执有命。

周幽、厉暴王执有命。
故命者暴王所作。

---

① 《马克思恩格斯选集》第 3 卷,北京:人民出版社 1972 年版,第 549 页。

墨子分析历史上夏桀、商纣、周幽、厉王等暴王的个例,都具有坚持"有命"论的共同点,从而概括"命者暴王所作"的一般命题。《非命下》载墨子求异法的科学归纳推论:

> 昔桀之所乱,汤治之;纣之所乱,武王治之。当此之时,世不渝而民不易,上变政而民改俗。存乎桀纣,而天下乱;存乎汤武,而天下治。天下之治也,汤武之力也;<u>天下之乱也,桀纣之罪也</u>。
>
> 若以此观之,夫安危治乱,存乎上之为政也,则夫岂可谓有"命"哉? 故以为力也。

社会和人民都没有变,但是桀、纣当政,则天下乱,汤武"变政",则天下治,可见国家的"安危治乱",是人力的作用,不是"命定"的原因。

明邓玉函、王征《奇器图说》卷一说:一位国王,用纯金叫一工匠作器物。工匠暗地里用银掺假,冒充真金。国王想查明工匠的作弊行为,但苦无办法。

阿基米得(Archimedes,公元前 287—前 212)因为沐浴,偶然领悟检测金器真假的方法,因极度兴奋,竟忘记穿衣,赤身跑去报告国王:自己终于找到检测金器真假的方法。[①] 阿基米得说,金、银的比重不同,同样重量,金体积小,银体积大。把想测定的器物,放进水中,查明金、银器所留之水的数量多寡,则金器的真假可知。

阿基米得找到辨别金器真假的方法,作弊工匠只好认罪服法。这是求异法的科学归纳推论。

东汉科学家张衡精通天文,创制世界上最早测定地震的地动仪。《后汉书·张衡传》记述张衡地动仪,有 8 条龙头口衔铜丸,如果某个方向传来地震波动,引发机关,龙头吐出铜丸,蟾蜍张口接受,声音振动,使人觉察地震方向。其余 7 条龙头口所衔铜丸不发,则可排除这些方向有震源。肯定一个方向有震源,否定其余 7 个方向有震源,这是剩余法的科

---

① 明邓玉函、王征《奇器图说》卷一:一国王以纯金命一匠作器,匠潜以银杂之,王欲廉其弊弗得也。亚希默得(阿基米得)因浴而偶悟焉。谓金与银分两等,而体段大小不等,金重而小,银重而大,以器入水,验其所留之水谁多谁寡,则金与银辨矣。遂明其辨,而匠自服罪。亚希默得欲辨金与银杂之故不得,偶因沐浴而悟得其故,则欢慰之极,至于忘其衣着,赤身报王。

学归纳推论。① 张衡地动仪的发明创造,是思维艺术和工匠技巧相结合的典范。

诗咏"象牙筷子:归纳推论":

> 纣为象箸箕子怖,尝鼎一脔知一镬。
>
> 麻雀勿需全解剖,擢虑不疑知有无。
>
> 分析个别知一般,科学定律从中出。
>
> 求因胜当波斯王,得由胜得隋侯珠。

第三节　新嫁娘子:类比推论

一、类推范例

1. 未谙姑食性

唐诗人王建,颖川(河南许昌)人,出身寒微,进士,晚年为陕州司马,从军塞上,作品充满浓郁生活气息,《新嫁娘词》说:

> 三日入厨下,洗手作羹汤。
>
> 未谙姑食性,先遣小姑尝。

"姑":丈夫的母亲,婆母。"小姑":丈夫的妹妹。常言说:"新媳妇难当。"诗中描写的"新嫁娘",用自己的慧心思考,找到巧妙的方法,从容应对了困局。古代女子嫁后三日,依习俗下厨做饭,面对不知婆母食性口味的难题,新媳妇巧妙类推:

> 过去观察个别案例:长期共同生活,有相似食性口味。
>
> 现在遇到个别案例:小姑和婆母,长期共同生活。
> 推测:小姑和婆母,有相似食性口味。

---

① 《后汉书·张衡传》:阳嘉元年(132 年)复造候风地动仪,以精铜铸成,圆径八尺,合盖隆起,形似酒尊,饰以篆文山龟鸟兽之形,中有都柱,傍行八道施关发机,外有八龙首,衔铜丸,下有蟾蜍张口承之。其牙机巧制,皆隐在尊中,覆盖周密无际。如有地动,尊则振,龙机发吐丸,而蟾蜍衔之。振声激扬,伺者因此觉知。虽一龙发机,而七首不动,寻其方面,乃知震之所在。验之以事,合契若神。自书典所记,未之有也。尝一龙机发而地不觉动,京师学者咸怪其无征,后数日驿至,果地震陇西,于是皆服其妙。自此以后,乃令史官记地动所从方起。

有了正确的类推结论,就便"先遣小姑尝",做可靠的调查研究,便有成功把握。作者准确捕捉生活中的典型,巧妙地表现劳动人民灵巧的思维。类推或推类,是类比推论。日本《新汉和辞典》,把中国古代"类推",解释为类比或类比推论。

2. 孔门类推

举一反三 《论语·述而》载孔子说:不到学生想求明白,而自己达不到的时候,不去开导他。不到他想说,而自己说不出的时候,不去启发他。教给他方形一个角的性质,他如果不能由此推知另外三个角的性质,就不想再教他了。①《经上》第 60 条说:"方,柱、隅四权也。"《经说上》解释说:"方。矩写交也。"方是四边、四角相等的平面图形,是用矩尺画出的封闭平面图形。"柱":方形的边。"隅":方形的角。"权":相等。"矩":画方形的矩尺。《墨子·法仪》:"为方以矩。"《庄子·天下》载辩者有"矩不方"(矩尺不能画方)的论题。这种作图方法证明,方是四边、四角相等的平面图形,今知方形一个角的性质是 90 度,能推知另外三个角是 90 度。孔子说"举一反三",是类推,即类比推论。宋蔡节《论语集说》卷四:"物有四隅,举一可知其三。"宋黄震《黄氏日抄》卷六十八:"举一返三,使以类推。""举一反三"的成语,是类比推论,比喻触类旁通,从已知一事物的性质,类推其他同类事物的性质。

闻一知十 《论语·公冶长》记载,孔子叫他的学生子贡回答:"你与颜回相比,谁更聪明?"子贡说:"我哪能与颜回相比呀!颜回是听到一件事,能够推知十件事,而我听到一件事,才能推知两件事。"孔子说:"你不如颜回。我同意你说的不如颜回。"②后来用"闻一知二"和"闻一知十"的成语,形容善类推。宋郑汝谐《论语意原》卷一:"闻一知二,因此而知彼也。"明吕柟《泾野子内篇》卷二十七:子贡"因夫子之言,乃引伸触类,以三隅反"。清毛奇龄《论语稽求篇》卷二:"因此测彼,则兼两事之类推也。"宋卫湜《礼记集说》卷八十八:"知类通达,闻一知十,能触类而贯通也。"宋曾公亮等《武经总要后集原序》:"闻一知十,触类而长。"清焦袁熹《此木轩四书说》卷六:"举此为兆,余可例推,闻一知十。""闻一知十"成语,形容有极强

---

① 《论语·述而》:不愤不启,不悱不发。举一隅不以三隅反,则不复也。
② 《论语·公冶长》:子谓子贡曰:"汝与回也孰愈?"对曰:"赐也何敢望回?回也闻一以知十,赐也闻一以知二。"子曰:"弗如也,吾与汝弗如也。"

的类推能力。

告往知来 《论语·学而》记载：子贡提出"贫穷而不巴结奉承，富裕而不骄傲自满"的论点，问孔子认为怎么样。孔子说："可以。不过，不如贫穷而乐于行道，富裕而爱好礼节的论点，更为积极。"子贡于是发挥说："《诗经》上说：'要像整理玉石一样，切磋它，琢磨它，精益求精。'我们探讨问题，也可以这样说吧?"孔子说："子贡呀，现在可以同你讨论《诗经》了，告诉你过去的知识，你能够类推未来的知识。"宋真德秀《西山读书记》卷二十八引朱熹："子贡推测而知，因此而识彼，无所不悦，告往知来，是其验矣。"宋卫湜《礼记集说》卷八十八："知类通达，则告往知来、闻一知十。"清陆陇其《松阳讲义》卷四："告往知来，触类旁通。"朱彝尊《经义考》卷二百四十四："孔门之学，大概务通伦类而已，颜子闻一知十，子贡告往知来。""告往知来"是触类旁通的类比推论。《非攻中》载墨子说："君子不镜于水，而镜于人。镜于水，见面之容;镜于人，则知吉与凶。"以往昔历史，引为今人鉴戒，是以历史为前提，类推现在。孔子"告往知来"的类推法，有时会引出谬误。《论语·为政》记载：子张问："十代以后的社会制度，可以预知吗?"孔子说："殷朝沿袭夏朝的制度，变化没有多少。周朝沿袭殷朝的制度，变化没有多少。所以，继承周朝制度的，何止是十代，就是一百代以后，也是可以预知的。"孔子预料百代（3000年）后还继承周代制度，犯简单枚举归纳"以偏概全"和论证"以相对为绝对"的错误。仅从他所知夏、商、周三代，后代沿袭前代，不足以推出他身后3000年间，都沿袭一种社会制度。

温故知新 《论语·为政》载孔子说："温故而知新。"温习过去的知识，得到新的理解和体会。《资治通鉴》卷二十九："凡所谓材者，敏而好学，温故知新。"何晏注："温，寻也，寻绎故者，又知新者。"宋朱熹《朱子语类》卷二十四："若知新，则引而伸之，触类而长之。"卷四十九："温故知新，是温故之中，而得新的道理。"宋郑汝谐《论语意原》卷一："温故而知新"，"故者，昔之所得也。新者，今之所见也。以昔之所得者抽绎之"，"而今之所见者又日新焉"。元朱公迁《四书通旨》卷四："温故知新"，"《论语》是即其一理，而推见众理之无穷。"明蔡清《四书蒙引》卷五："温故而知新，故者旧日所已知者，于此而温之，而有以知其所未知，则见得滋味愈长，而推之无不通。"清陆陇其《四书讲义·困勉录》卷三十三："温故知新，日日体研，时时抽绎。"这是用"温故知新"成语，表示善于类推。

LOGIC

"闻一知二"、"闻一知十"、"举一反三"、"告往知来"和"温故知新"等,是孔门教育、学习中常用的思维艺术,实质是发挥类推对增长知识、智慧的功能。

孔子在教学实践和历史文化整理研究中,看到证明的作用,主张言论要有足够证据。《论语·八佾》记载:夏代的礼,我能说出来,它的后代杞国不足以作证;殷代的礼,我能说出来,它的后代宋国不足以作证。这是历史文献不足的缘故。如果文献充足,我就能引来作证。[①] 这里认识到论证要有充分根据,充足理由。这种要求证明和重证据的思想,是孔子智慧的科学成分,是中国逻辑发端期的收获。

类比推论,由个别性前提,引申个别性结论,以小证大,以易喻难,以具体比抽象,形象生动,感染力强,富有说服力。《大取》说:"不为己之可学也,其类在猎走。"即忘我为天下的精神,是可以学到的,犹如竞走是可以学到的一样。这是列举相似事例,作为论据,证明一般论点,属于类比推论。《大取》列举推论的 10 余个例题,是广义类推和初步的归纳。

3. 曹冲称象

《三国志·魏志·武文世王公传》载:曹操的儿子曹冲,五六岁,有超人智慧。孙权送给曹操大象,曹操想知道重量,文武百官都想不出办法。

曹冲说:"把大象牵到船上,在船上刻下吃水痕迹,把大象牵下来,按照大象在船上时的吃水痕迹,在船上放置同样重量的石头,再把这些石头过秤,就可以知道大象的重量。"曹操指示照办。[②]

这是"整体分解为部分、复杂还原为简单"分析法和"等值替换"数学运算的结合,是演绎推论的运用,与阿基米德的浮力测重法,异曲同工。

4. 称象出牛

宋代费衮《梁溪漫志》卷八以"称象出牛之智"为题说:"智之端,人皆有之。惟智过人者,能发其端。后人触类而长之,无所不可。魏曹冲五六岁,有成人之智。孙权曾致巨象,曹操欲知其重。冲曰:'置象大船之上,

---

① 《论语·八佾》:子曰:"夏礼吾能言之,杞不足征也;殷礼吾能言之,宋不足征也。文献不足故也。足,则吾能征之矣。""征"即证明,验证。

② 《三国志·魏志·武文世王公传》:冲字仓舒,少聪察岐嶷。生五六岁,智意所及,有若成人之智。时孙权曾致巨象,太祖欲知其斤重。访之群下,咸莫能出其理。冲曰:"置象大船之上,而刻其水痕所至,称物以载之,则校可知矣。"太祖大悦,即施行焉。

而刻其水痕所至。称物而载之,则校可知矣。'操大悦而行之。本朝河中府浮梁,用铁牛八维之,一牛且数万斤。治平中水暴涨绝梁,牵牛没于河,募能出之者。真定府僧怀丙以二大舟实土夹牛维之,用大木为权衡状钩牛。徐去其土,舟浮牛出。转运使张焘以闻,赐以紫衣。此盖因曹冲之遗意也。"

这里以"称象"类推"出牛"。说的是,北宋治平年间(1064—1067),真定府僧怀丙,用两条大船,装土,夹住"数万斤"重的铁牛,捆绑好,用大木制成杠杆,钩住铁牛,徐去船上所装的土,铁牛被浮出。这是用"曹冲之遗意",出象称石,"触类而长之",类推"出土浮牛",浮出沉没于河的数万斤铁牛。这是类比推论的奇效,是思维艺术、逻辑智慧的展现。

5. 槐生麻中

北魏农学家贾思勰,山东益都人,高阳郡(山东淄博)太守,根据观察试验、调查访问资料,于公元前533—前534年著《齐民要术》。该书是我国最早、最完整的农书,世界科学宝库的珍贵典籍,系统总结了6世纪前农业生产和科技,影响甚大,受到国际的赞誉。

《齐民要术》卷五专论"种槐":"槐子熟时多收,掰取数曝(晒),勿令虫生。五月夏至前十余日,以水浸之六七日。当芽生好雨种麻时,和麻子撒之。当年之中,即与麻齐。麻熟刈去,独留槐。槐既细长,不能自立,根别树木,以绳栏之。明年锄地令熟,还于下种麻,胁槐令长。三年正月,移而植之。亭亭条直,千百若一。所谓'蓬生麻中,不扶自直'。若随宜取栽,匪直长迟,树亦曲恶。"其中包含如下类推:

蓬生麻中,不扶自直。

槐生麻中。

所以,不扶自直

贾思勰以《荀子·劝学》"蓬生麻中,不扶自直"为前提,类推"槐生麻中,不扶自直"。"槐生麻中",槐与麻行生存竞争,为争取更多阳光照射,行光合作用,制造机体所需营养,在周围挺直麻杆的胁迫、挤压下,槐树苗长得既快又直,"亭亭条直,千百若一"。而生于自然状态的槐树,长得既迟,又弯曲不美。这是探求因果联系"求异法"科学归纳法的运用。正确类推和归纳,结合科学实验,导致贾思勰"槐苗优育法"的发现。

6. 推广水磨

明代毕自严,字景曾,淄川(山东淄博)人,1592 年进士,《明史·毕自严传》称其"年少有才干",曾任洮岷(甘肃西南临潭、岷县附近)兵备参政,撰《洮岷考略》,关心当地人民生产、生活,具匠心慧眼,以洮岷地区 1000 多台水磨的制式为前提,类推白泥河、冶头河地区,可仿制操作。

毕自严《石隐园藏稿·洮岷考略》说:"境内水磨约千盘有奇,大豆青颗借此成屑,势不得不多也。其制引水顺流,用一长木箕承受,而狭其舌,以束水轮,转磨动。其上作屋,与吾乡同,但不待洪流耳。以此类推,白泥河、冶头河,皆可作者。安得仿此式而为之。"这里毕自严运用类推,推广水磨,是杰出的思维艺术。

毕自严官至户部尚书,《石隐园藏稿高珩序》称其"天下大计,朗朗于胸","每入署,舆后置书 2 寸余","事竣","方危坐火房,一灯荧荧,必读尽所挟书"。这说明他的杰出思维艺术,源于虚心学习前人和实地调查研究。

7. 地变说

宋朱熹"见高山有螺蚌壳,或生石中",类推测"此石即旧日之土螺蚌,即水中之物,下者却变而为高,柔者却变而为刚,此事思之至深有可验者"。用"登高而望,群山皆为波浪之状",类推是水的沉淳、积淀作用。"水之极浊便成地","只不知因甚么时凝了,初间极软,后来方凝得硬"。用以类推的前提,是"如潮水涌起沙相似"。[①] 可见,类推法是论证、表达古代自然科学知识的手段。

8. 发明助手

《淮南子·说山训》说:看见空木在水中飘浮,推知造船行于水。看见飞篷转动,推知造车行于陆。见鸟爪痕迹,推知造字表意。这是由已知属性,推知未知相似属性的类比推论。

宋陆佃《埤雅》卷六说:观察鱼鳍、鹞鹰尾部的结构和功能,创造船橹、船舵。明邓玉函、王征《奇器图说》卷一说:以鱼、松鼠等生物的结构和功能,类推创造舵、橹、帆等用品。清陈大章《诗传名物集览》卷二说:观察鱼鳍的形状,而创造桨橹,观察鹰尾而制造木舵,说的是古人上下观察,作为

---

① 朱熹《朱子语类》卷一;张九韶《理学类编》卷一。

民用的先导。这都是类比推论在仿生学中的应用。

德国哲学家康德说："每当理智缺乏可靠论证的思路时,类比这个方法往往能指引我们前进。"①黑格尔说："在类推的推论里,我们由某类事物具有某种特质,而推论到同类的别的事物也会有同样的特质。例如这就是一个类推的推论:当我们说:直到现在为止,我们所发现的星球皆遵循运动的规律而运动。因此一个新发现的星球或者也将遵循同样的规律而运动。类推的方法很应分的在经验科学中占很高的地位,而且科学家也曾按照这种推论方式获得很重要的结果。"②类推是创造发明和科技发展的助手。

9. 类推治哽

宋张杲,字季明,新安(河南西北部)人,其伯祖时,以医术驰名于京洛地区,祖宗三代家传医术,学有渊源,撰《医说》,卷十有《治哽以类推》说:"凡治哽之法,皆以类推。"如"磁石治针哽。"宋崔敦礼《宫教集》卷八说:"磁石、铁,以类相从。"明贺复征《文章辨体汇选》卷三百六十二说:"磁石吸铁,类也。"明邓玉函、王征《奇器图说》卷一说:"磁石吸铁,铁性就石。不论石之在上、在下、在左、在右,而铁必就之者,其性然也。"

张杲《医说》卷十列举"以类推治鱼哽"的医疗案例:"苏州吴江县浦村王顺富家人,因食鳜鱼,被哽骨横在胸中,不上不下,痛声动邻里,半月余,饮食不得,几死。忽遇渔人张九言,取橄榄与食,即软也。适此春夏之时,无此物。张九云,若无,寻橄榄核,捣为末,以急流水调服之,果安。问张九,尔何缘知橄榄治哽? 张九曰,我等父老,传橄榄木作取鱼掉篦,鱼若触着,即便浮,被人捉却,所以知鱼怕橄榄也。今人煮河豚,须用橄榄,乃知去鱼毒也"。

这是以"橄榄木作取鱼篦,捉鱼有效"为前提,类推"橄榄能治鱼哽"。明李梦阳《空同集》卷六十五说:"橄榄为楫,拨鱼则浮,亦磁石引针、琥珀起草之类。"张杲《医说》卷十列举医疗类推案例:"有小儿观打稻,取谷芒置口中,黏着喉舌间不可脱。或令以鹅涎灌之即下,盖鹅涎能化谷也"。这是从已知"鹅涎能化谷"的前提,类推未知"鹅涎能化谷芒"的结论。

类推在中国古代的医学理论中有广泛的运用。唐王冰注《黄帝内经素

---

① 康德:《宇宙发展史概论》,上海:上海人民出版社1972年版,第147页。
② 黑格尔:《小逻辑》,北京:商务印书馆1980年版,第368页。

问》卷三说:"五藏之象,可以类推。象谓气象也,言五藏虽隐而不见,然其气象、性用,犹可以物类推之。"元朱震亨《局方发挥》说:"医之良者,引例推类,可谓无穷之应用。"元李杲《内外伤辩惑论》卷中说:"圣人之法,可以类推,举一则可以知百矣。"其《脾胃论》卷下说:"圣人之法,可以类推,举一而知百病者也。"

二、类推和知类

类推有助于认识事物的类别,形成类概念。"审异致同"的命题,是说审察不同类事物的差异,有助于把握同类事物的一致。别异和识同,互相联结,相辅相成。宋陈襄《至诚尽人物之性赋》说:"推类而知类。"宋冯椅《厚斋易学》卷三十八说:"以类推之,则知农之族为农,工商之族为工商,皆其物也。倮族为倮物,羽族为羽物,毛族为毛物,鳞介之族为鳞介之物。类其族者,乃辨其物。"

元胡震《周易衍义》卷四说:"类族辨物,谓各以其类族,辨物之同异也,大抵此言审异以致同之正道也。""类族是就人上说,辨物是就物上说,天下有不可以皆同之理,故随他地头去分别族类,如张姓作一类,李姓作一类,辨物如牛是一,马是一类,就其异处以致其同。"

明林希元《易经存疑》卷三说:

"以类族辨物:类族者,随其族而类之,使各以其类而相聚,如类姓册一般,黄与黄做一族,张与张做一族,李与李做一族。""天下之人","其族至不一也,皆随其族而类之"。

三、推类之难

先哲载籍中"类推"、"推类"和"推理",都是表达思维艺术的常用概念。其原始含义与现今有别。今义"类推",主要指类比推理(analogy, analogism,类比推理,类比法,类推法)。在中国古代逻辑著作中,"类推"或"推类",包含广狭二义。"推类"、"类推"的狭义,指各种类比推论,包括譬(譬喻式的类比推论)、侔(比较相似句群的类比推论)、援(援引对方相似言行以证明自己言行的类比推论)、推(归谬式类比推论)、止(反驳归纳和演绎的综合类推)。"推类"、"类推"的广义,相当于"推理",包括演绎、归纳、类比成分,因为各种推理都与"类"有关。《大取》"辞以故生,以理长,以类行"的原则,对一切推理都适用,所以叫"推类"、"推理"、"推故",实质一样。

《经下》第102条说:"推类之难,说在之大小、物尽、同名、二与斗、爱、食与招、白与视、丽与暴、夫与屦。"《经说下》解释说:"谓四足,兽与?并鸟与?物尽与?大小也。此然是必然,则俱为麋:同名。俱斗不俱二:二与斗也。包肝肺子:爱也。掘茅:食与招也。白马多白,视马不多视:白与视也。为丽不必丽,为暴必暴:丽与暴也。为非以人,是不为非,若为夫勇,不为夫;为屦以买衣,为屦:夫与屦也。"

即类推存在困难和导致谬误的机会,论证这一点可以列举"大小、物尽、同名、二与斗、爱、食与招、白与视、丽与暴、夫与屦"等事例。例如说到"四足",能够断定是兽呢?还是两鸟相并而立呢?甚至于说万物尽是如此呢?这就牵涉到"四足"范围大小的问题。若见甲四足是麋,乙四足是麋,就说所有四足都是麋,丙是四足,就说丙必定是麋,甚至于说万物尽是(俱是)麋,把"麋"变成了万物的"同名",岂不荒谬?"甲与乙斗殴"可以说"甲与乙俱(都)在斗殴",但"甲与乙二人"不能说"甲与乙俱是二人"(只能说"甲与乙俱是一人")。"肝、肺"本是内脏器官,又可引申以指对儿子的爱怜之情("心肝")。看见一个人在挖掘茅草,不能断定他是用来吃,还是用来招神祭祀。说"白马"是指马身上白的地方多,但说"视马"却并不需要多看上几眼。人为地想打扮得美丽,结果却不一定真的美丽,但人为地残暴,结果一定就是残暴。因为别人的原因而被迫犯错误,并不等于自己主观上想犯错误,就像表现武夫之勇,不等于真是大丈夫;做鞋子以用来交换衣服,就是做鞋子。

"此然是必然",是"彼举然者,以为此其然也","彼以此其然也,说是其然也"的略语。如:推理1:

> 甲四足者是麋。
> 乙四足者是麋。
> 故凡四足者都是麋。

推理2:

> 凡四足者都是麋。
> 丙是四足者。
> 故丙是麋。

推理1犯"仓促概括"的谬误,推理2犯"虚假论证"的谬误。"俱为麋":用归谬法说明犯仓促概括和虚假论证的谬误,会把万物都说成麋。俱:全称量词。又如:"甲与乙斗"可以说"甲与乙俱斗",即他们合起来才能斗殴。不俱二:"甲与乙二"不能说"甲与乙俱二",只能说"甲与乙俱一",因为尽管甲与乙合起来是二,但分开说还都是一。涉及概念的集合与非集合意义。

诗咏"新嫁娘子:类比推论":

> 不谙姑性小姑尝,举一反三知识长。
> 槐生麻中自然直,称象出牛典故长。
> 治鲫早有类推术,医疗书画类推长。
> 中国类推有广义,世界逻辑有东方。

第四节　寸木岑楼:不当类推

一、寸木怎能比楼高,只比末节忘根本

类比推论是从相似事物的已知属性,推测未知属性的方法。类推的规则,是在类比中应采取同一标准。如果类比标准不统一,会犯不当类比的逻辑错误。

《孟子·告子下》说:如果不考虑根本,只比较末节,那么一寸厚的木块(如果放在高处),可以使它比尖角高楼还高。"金子重于羽毛",难道是说三钱多重的金子,比一大车羽毛还重吗?拿吃的重要方面和礼节的次要方面比较,会得出吃饭重于礼节的错误结论。拿婚姻的重要方面和礼节的次要方面比较,会得出娶老婆重于礼节的错误结论。这是批评对方类比不当,指出类比应该采取同一标准。

宋代朱熹《孟子集注》说:"若不取其下之平,而升寸木于岑楼之上,则寸木反高,岑楼反卑矣。"即如果不取同一地平线的比较标准,而把一寸厚的木头,升高到尖角高楼之上,则寸木反高,岑楼反低。明代胡应麟《诗薮·唐下》说:"况以甲所独工,形乙所不经意,何异寸木岑楼、钩金舆羽哉?""寸木岑楼",比喻不当类比。

二、异类不比说在量,木夜岂能比同长

《经下》第106条说:"异类不比,说在量。"《经说下》解释说:"木与夜

孰长？智与粟孰多？爵、亲、行、价四者孰贵？"

即不同类事物不能相比，因为它们各有不同的量度标准。如木头的长度属于空间，夜间的长度属于时间，不能问木头和夜间哪一个更长？智慧的多属于精神，粟米的多属于物质，不能问智慧和粟米哪一个更多？爵位的贵属于等级，亲属的贵属于血缘，操行的贵属于道德，价格的贵属于交易，不能问等级、亲属、操行和价格哪一个更贵？这种类比，是不伦不类。

《经上》第87条说："有以同，类同也。"即事物在某方面有相同的性质，叫"类同"。因此可以对同类事物，在同样的性质上，进行类比。如这根木头和那根木头的长度，同属空间，因此可以在同一个标准上类比。冬夜与夏夜的长度，同属时间，因此可以在同一个标准上类比。

《经上》第88条说："不有用，不类也。"即事物在某方面没有相同的性质，叫"不类"。木头与夜间不同类，不能用同一标准类比。因为一关空间，一关时间。智慧与粟米也不能用同一标准类比。因为一关精神财富，一关物质财富。爵位、亲属、操行和物价这四种事物的"贵贱"，没有同一标准。爵位之贵关乎等级；亲属之贵关乎血缘；操行之贵关乎品德；物价之贵关乎商品与货币的比值。这几种事物之贵，各有不同标准。

《孟子·告子上》说："故凡同类者，举相似也。"即所有同类事物，都大体相似，有共同属性。这是对类概念的正确规定。类是标志事物性质同异的界限和范围的范畴。对于具有不同性质或本质的事物，不能在同一标准下类比。这种不当类比，没有采用同一标准，使用概念不同一，违反同一律，犯偷换概念、偷换论题的逻辑错误。

三、半身不遂犹可医，岂有起死回生药

《吕氏春秋·别类》载：鲁国人公孙绰，向人吹牛："我能起死回生。"别人问他怎么回事。他推论说："因为我本来能治半身不遂，现在我把治半身不遂的药加倍，就能起死回生。"[①]

这是诡辩。因为事物的小、大、半、全，不仅有量的不同，还有质的区

[①]《吕氏春秋·别类》：鲁人有公孙绰者，告人曰："我能起死人。"人问其故。对曰："我固能治偏枯。今吾倍所以为偏枯之药，则可以起死人矣。"物固可以为小，不可以为大，可以为半，不可以为全者也。

别。会治小病,未必能治大病。"半身不遂"是活人,与"死人"有质的区别。能治半身不遂,把治半身不遂的药加倍,并不能起死回生。这涉及类的可推和不可推两方面。

类的可推,是以类的同一性为前提,说明推理的功能和作用。类的不可推,以类的差异性为前提,说明推理的界限和发生谬误的可能。

《吕氏春秋·别类》讨论类的不可推,指出要知人所不知,才是高级认识;不知而自以为知,是错误认识。

莘和蘽两种草,单吃毒死人,合吃延年益寿。被毒虫咬伤,糊另一种毒药能解毒。漆和水是液体,合起来能凝结,铜和锡柔软,合炼则先变液体(熔液),冷却变硬。事物的类别、性质,不是永远不变,可依此类推。

小方和大方同属方类,小马和大马同属马类,"小智"(小聪明)和"大智"(大智慧)却不是同属"智慧"一类。要小聪明的人,自以为得计,实际是愚蠢。

在鉴定剑的质量时,认为是好剑的人说:"白锡使剑坚硬,黄铜使剑柔韧。白锡、黄铜兼有,所以剑既坚硬又柔韧,是好剑。"

认为不是好剑的人说:"白锡使剑不柔韧,黄铜使剑不坚硬。白锡、黄铜兼有,剑既不柔韧,又不坚硬,不是好剑。并且按照对方所说,白锡使剑坚硬,但坚硬则折断;黄铜使剑柔韧,但柔韧则卷刃。白锡、黄铜兼有,使剑既折断,又卷刃,不是好剑。"

双方的推论形式,都是正确的假言联言推论式。相剑者推论对照,见表 11。

表 11　相剑推论

相剑者推论	难者推论	难者驳相剑者推论	公式
白锡→坚硬	白锡→不柔韧	坚硬→折断	P→R
黄铜→柔韧	黄铜→不坚硬	柔韧→卷刃	Q→S
白锡∧黄铜	白锡∧黄铜	坚硬∧柔韧	P∧Q
∴坚硬∧柔韧	∴不柔韧∧不坚硬	∴折断∧卷刃	R∧S

表中"→"读为"如果,则","∧"读为"并且"。这里,双方运用同样的假言联言推论形式,并且都以白锡、黄铜的性质作前提,却推出截然相反的结论。在剑的制作过程中,白锡、黄铜混合比例的大小,是否合乎制作好剑的需要,应对具体问题作具体分析,不是用一两个简单的推理,所能解决

问题。

好事小做小有益,大做大有益,坏事做一点,却不如没有。射箭靶希望射中小的,射野兽希望射中大的。事情本来不是必然一样,可以此类推。

高阳应想益房,木匠对他说:"现在还不行。木料还没干透,往上糊泥土,一定弯曲。拿没有干透的木料盖房,眼前虽好,日后一定倒塌。"高阳应说:"根据你的说法,则房不会倒塌。因为木头愈干愈有劲,泥土愈干则愈轻,用愈有劲的承担愈轻的,不会倒塌。"听他讲这番道理,木匠无话可说,于是按吩咐盖房。房刚盖成很好,后来果然倒塌。高阳应好玩弄小聪明,不懂大道理。实际上,没有等湿木干透,湿泥土早已把它压弯。高阳应知其一不知其二,知小不知大,知局部不知整体。单靠一两个简单推理,不能从整体上解决复杂的具体问题。

《吕氏春秋·达郁》说:"得其细,失其大,不知类耳。"对复杂的具体问题,知其一不知其二,知小不知大,知局部不知整体,是不知事物的类别、性质。千里马背着太阳向西跑,到傍晚太阳反而在它们前面。这是由于太阳比千里马跑得快。眼睛本来就有看不到的,智慧、能力本来就有达不到的。圣人因而定下规矩:不单凭心智臆断。

这里议论的主旨,是"别类",即区分事物类别,具体问题具体分析,在肯定推知作用的的基础上,说明推理的局限和容易产生的谬误。

诗咏"寸木岑楼:不当类推":

寸木怎能比楼高,只比末节忘根本。

半身不遂犹可医,岂有起死回生药。

类推有可有不可,不同类别不相混。

类比标准应同一,不当类比拟不伦。

第五节　奇词怪说:谬误诡辩

一、张仪的故事

张仪是战国时期纵横家的代表,魏国人,主张"连横"说(联合秦国进攻弱国),反对苏秦的"合纵"说(联合弱国进攻秦国)。《战国策·齐策一》:"张仪为秦连横。"公元前328年张仪任秦国宰相,公元前313年出使楚国,对楚怀王说:"您如果听我劝说,跟齐国绝交,秦国愿献六百里土地给楚国,请派使臣随我到秦国接受土地。"楚怀王听信张仪的许诺,跟齐国绝交,派一将军随张仪到秦国接受土地。

张仪回到秦国后,假装酒醉,从车上掉下来,称病不出,楚国使臣在旅馆等了 3 个月,没有得到土地。后来张仪证实楚国已同齐国绝交,就对楚国将军说:"您怎么还不接受土地?从某地到某地,长宽共 6 里。"楚国将军吃惊地说:"怀王命令我接受土地'600 里',没有听说过'6 里'!"张仪诡辩说:"我跟怀王约的是'6 里',没有听说过'600 里'!"

张仪到楚国,重金收买宠臣靳尚,"设诡辩于怀王之宠姬郑袖",继续欺骗楚王。屈原谏劝楚王,被流放。屈原在远迁途中作《怀沙之赋》说:"变白而为黑兮,倒上以为下!"张仪混淆黑白,颠倒是非,把"600 里"说成"6 里",是十足的谬误和诡辩。《庄子·盗跖》说:"摇唇鼓舌,擅生是非。"摇动嘴唇,鼓动舌头,把是非搞乱。唐刘兼《诫是非》诗:"巧舌如簧总莫听,是非多自爱憎生。"

在思维和语言现象中,谬误与真理相反,诡辩和逻辑相对。广义谬误,指不符合实际的错误认识。狭义谬误,指违反逻辑的无效推论,属于诡辩。诡辩,指似是而非,违反事实和真理的辩论。"诡",违反、怪异、欺诈,虚假。《玉篇》:"欺也,谩也,怪也。"《类篇》:"诈也。"《正韵》:"戾也。"即乖戾、矛盾。《孙子·计》:"兵者诡道也。"诡,欺诈。《谷梁传·文六年》:"诡辞,不以实告人。"《汉书·董仲舒传》颜师古注:"诡,违也。"《后汉书·班固传》注:"诡,异也。又违也。"张衡《西京赋》:"岂不诡哉?"诡:奇怪。"辩",指辩论,即证明和反驳。

《管子·法禁》说"言诡而辩",指把虚假言词,说得头头是道。《淮南子·齐俗训》说"争为诡辩",指以诡辩言词相争。《史记·屈原传》说张仪"设诡辩"。《汉书·石显传》说佞臣石显"持诡辩以中伤人"。颜师古注:"诡,违也,违道之辩。"《彭祖传》说赵王彭祖"持诡辩以中人"。颜师古注:"诡辩,违道之辩也。"

在西方,诡辩 sophism 渊源于希腊文智慧、技巧 sophia。古希腊智者 sophistes 本指具有智慧、敏于技艺的人,他们以传授知识和讲演、辩论技巧为业。由于智者喜用思维和语言技巧,进行似是而非的论辩,遭到哲学家与逻辑学家的反对。柏拉图说智者是零售虚假精神货物的商人。亚里士多德说智者是靠似是而非的智慧赚钱的人,诡辩是以欺骗为目的的虚假论证。亚氏在清理流行诡辩基础上,建立系统逻辑学说,智者 sophistes 遂具有诡辩家的含义。英文 sophist 兼有诡辩家、智者双重含义。

黑格尔总结历史上的诡辩学派说:"诡辩这个字是一个坏字眼。特别是由于反对苏格拉底和柏拉图的缘故,智者们弄得声名狼藉。诡辩这个词通常意味着以任意的方式,凭借虚假的根据,或者将一个真的道理否定了,弄得动摇了,或者将一个虚假的道理弄得非常动听,好像真的一样。"黑格尔的分析,包含诡辩的特征:论据、论题虚假,推论方式无效。

诡辩用貌似有效、实际无效的推论,用似是而非的论据和论题,用思维和语言的诡计,或心理因素的干扰,诱使人相信,有迷惑性和欺骗性,需要专门知识和方法辨析。跟诡辩有关的,还有强辩和狡辩。强辩指强词夺理的辩论,狡辩指狡诈的辩论,其中都含有诡辩之意。

诡辩有深厚的社会基础。谬误和诡辩,与人类历史同在。识别谬误有方法,战胜诡辩有技巧。这种方法和技巧,可以从分析谬误和诡辩的典型案例习得。

二、邓析的故事

郑国有很多人,把自己的意见书悬挂起来,让人看。子产下命令:"不许悬挂意见书。"邓析就寄送意见书。子产下命令:"不许寄送意见书。"邓析就夹在他物中寄送意见书。子产命令层出不穷,邓析对付的方法也不断翻新,把子产命令的执行与否,给搞混乱了。

子产治理郑国,邓析总想方设法为难。他跟有狱讼案件的人约定,大案件给报酬一件衣服,小案件给报酬一件襦裤。人民奉献衣服、襦裤而学习诉讼的人,数不胜数。他能把非说成是,把是说成非,是非没有标准,"可以"和"不可以"随时改变。想让谁打赢官司,谁就因此而打赢了。想让谁被判有罪,谁就因此而被判有罪。郑国于是大乱,人民随口说话。

秋天洧水暴涨,郑国有一位富人被溺死,有位穷人捞出他的尸体。富人家请赎回尸体,穷人要求的报酬太多,向邓析咨询怎么办。邓析说:"不用着急,穷人一定不会把尸体卖给别人。"富人不着急,于是捞出尸体的穷人着急了,也向邓析咨询怎么办。邓析说:"不用着急,富人一定没有别的地方可以买到尸体。"①

邓析巧妙避开子产政令条文的本意和实质,抓住其字面意义。邓析在与执政者的合法智斗中,开始思维、语言和实际关系的探索,以及对政令条文表达准确性的思考。这是中国逻辑思想的发端和源泉。邓析在法律应用的实践中,摸索行之有效的思维和表达技巧,赢得一批又一批的追随者。如果邓析没有一定的学问和有效方法,而只是会玩弄言词上的诡辩,一定不会取得如此巨大的成功。

巧辩如果指巧妙的辩论,并不是坏事,但巧辩的限度掌握不好,会流于诡辩。《淮南子·诠言训》说:"邓析巧辩而乱法。"即邓析奇巧的辩论,违反法度,其中包含诡辩成分。

邓析是最早从民间产生的法律专家。他的《竹刑》为他的政敌所用,足证他对法律的研究相当精到。他帮人打官司,教人学讼,成绩显著。汉刘向《别录》说:"邓析好刑名。""刑名",最早指行政、法律之名。"刑"通"形","刑名"即名实,是古代名家研究的主题,涉及逻辑方法。邓析刑名学的意义,是在中国最早兴起辩论之风。随着辩论之风泛起的名辩思潮,为中国古代逻辑的诞生提供丰富的滋养,这与古希腊智者派的活跃,促进亚里士多德逻辑产生,为同一机理。

刘向《校上邓析子序》和《列子·力命》说邓析"操两可之说,设无穷之辞"。《晋书·隐逸传》引晋鲁胜《墨辩注序》解释说:"是又不是,可又不可,是名两可。""两可"之说,从邓析的奇闻轶事看,指同时断定事物正、反两面的性质,对反映事物正、反两面性质的矛盾判断同时断定。处理富人溺死案例的方法,是邓析运用"两可"之说的典型。

得尸者对急于赎回尸体的死者家属(富人)要价太高,死者家属求计于邓析,邓析针对其优势和特点,提出解决办法。死者家属(富人)按照邓析的主意,不着急赎回尸体,得尸者便着急了,于是也去求计于邓析。邓析告诉得尸者的方法,竟然与其对方一样,也是"不用着急",方法也很

<hr />

① 《吕氏春秋·离谓》:郑国多相悬以书者。子产令无悬书,邓析致之。子产令无致书,邓析倚之。令无穷,则邓析应之亦无穷矣。是可与不可无辨也。子产治郑,邓析务难之。与民之有狱者约,大狱一衣,小狱襦裤。民之献衣襦裤而学讼者,不可胜数。以非为是,以是为非,是非无度,而可与不可日变。所欲胜因胜,所欲罪因罪。郑国大乱,民口喧哗。洧水甚大,郑之富人有溺者,人得其尸者。富人请赎之,其人求金甚多,以告邓析。邓析曰:"安之,人必莫之卖矣。"得尸者患之,以告邓析,邓析又答之曰:"安之,此必无所更买矣。"

奏效,于是从得尸者一方得到同样一份报酬。对于得尸和赎尸涉及同一对象的事项,买卖双方存在利益的对立,这是事物本身所具有的相反性质。邓析运用"两可"分析法,对买卖双方分别提出内容矛盾、形式一致的方案,看来是悖论、谬误和诡辩,实际是巧妙折衷调和,使矛盾趋于缓解,从而合理解决矛盾。这种思维论辩方式和解决矛盾方案,为古代辩者特有,颇有启发。

这种发现和分析矛盾,巧妙解决矛盾的"两可"思维方式,是当今商业经纪人、民事纠纷调解人、法律顾问和法官值得借鉴的方法。这种方法的实质,是看到复杂问题的两面,从两面论断和处置。孔子"叩其两端",老子"正言若反",墨家"同异交得",同邓析"两可"之说,一脉相通,是同一类型的思维表达艺术,其中包含辩证逻辑的萌芽因素。

邓析的巧辩和"两可"之说,处理得不好,可导致诡辩。宋黄震《黄氏日抄》卷五十六引邓析巧辩故事指出:"然则(邓)析盖世所谓教唆者之祖矣。"即邓析是世人所说"教唆犯"的老祖宗。邓析是名家第一人,也是诡辩第一人。《吕氏春秋·离谓》所谓"可与不可无辨","以非为是,以是为非,是非无度,而可与不可日变。所欲胜因胜,所欲罪因罪",即指诡辩。

《经下》第170条说:"唱和同患,说在功。"《经说下》解释说:"'唱无过:无所用,若碑。和无过:使也,不得已。'(以上引辩者语)唱而不和,是不学也。智少而不学,功必寡。和而不唱,是不教也。智多而不教,功适息。使人夺人衣,罪或轻或重;使人予人酒,功或厚或薄。"

墨家认为,犯罪过程中的指使者和被指使者,都同样有罪过,论证的理由在于他们双方的行为都有实际功效。

墨家引辩者语:"主犯作为指使者是没有过错的:因为他们的行为仅仅限于指使别人,而自己却没有亲自实施犯罪,犹如稻田中的稗草没有实际效用一样。从犯也是没有过错的:因为他们的行为仅仅是被指使,是被迫不得已的。"

"唱和":本指歌唱时此唱彼和,这里指刑事诉讼案件中的主犯、从犯(指使者、被指使者)。"唱",以教学过程中教者的作用来打比方。和:以教学过程中学者的作用来打比方。"患":祸患,过错,罪责。"过":罪过。"稗":稻田中的稗草。"不得已":被迫无奈。

教师唱而学生不和,是学生的学习积极性不高;学生智能少而不积极学习,教育的功效必然寡少。学生和而教师不唱,是教师教育的积极性不高;教师智能多而不积极教育,教育的功效恰恰等于零。

在教育活动中,教师与学生双方的作用虽有多有少,但并不是都没有作用。指使人去抢夺别人的衣服,指使者和被指使者的罪过虽有轻有重,但不能说都没有罪过;指使人去把酒送给别人,指使者和被指使者的功劳虽有厚有薄,但也并不是都没有功劳。所以对方关于主犯和从犯都没有过错的论证,是错误的。

沈有鼎论述《墨经》上述一条,是对邓析诡辩的反驳。沈氏用印度因明和希腊逻辑推论式解释《墨经》表述。《经说下》引评辩者论调"唱无过,无所用,若稗",沈氏谓其"程序和印度的佛教因明完全相同"。① 《墨经》驳诡辩论式对照,见表 12。

表 12　驳诡辩论

《墨经》	因明三支式	亚氏三段论
［无所用无过］	喻体	大前提:所有 M 是 P
［唱］无所用	因	小前提:所有 S 是 M
唱无过	宗	结论:所有 S 是 P
若稗	喻依	S′

战国时惠施和公孙龙的诡辩思潮,与邓析一脉相承。

三、名家概说

邓析是名家最早的代表人物,思想学说有名家的一般特征。名家是以辩论名实著称的学派。创始人是邓析,战国中后期名家代表人是惠施和公孙龙,"率其群徒,辩其谈说",把辩论作为专业知识传授。名家学说兼有诡辩和逻辑的双重内容。

名家的诡辩论,是为求仕和游说的需要,能随时为相反的论点作出论证。名家聚徒辩论的辩题,兼有相对主义和绝对主义两种倾向。相对主义倾向的辩题,以对立面的相对性抹煞其绝对性,以同一性否认差异性,混淆可能性和现实性,把集合与元素机械相加,错误类推。绝对主义倾向的辩题,否认感觉来源于客观实在,以人的感觉取代客观实在,以连续性抹煞其

---

① 沈有鼎:《沈有鼎文集》,北京:人民出版社 1992 年版,第 433—442 页。

间断性,以间断性抹煞其连续性,以个别和一般的差异,否认个别中有一般,把差异绝对化,否认对立的同一。

名家逻辑,是对名实关系问题的探究,为墨家、荀子对中国古代逻辑的概括提供思想资料,促进古代逻辑发展。名家专精"正名实",要求"控名责实,参伍不失"。《公孙龙子·名实论》说,名的作用是"谓实",要求"审其名实,慎其所谓",调整名实关系,使名实相符。提出"彼止于彼"、"此止于此"的"正名"原则,意在保持语词概念的确定性,类似同一律的规定。"彼此而彼且此,此彼而此且彼,不可",意在避免矛盾,类似矛盾律的规定。

名家学说兼诡辩和逻辑双重内容,在百家争鸣中独树一帜,刺激中国逻辑发展,有独特价值。秦汉以后,儒学独尊,名家随名辩思潮衰落而消失。明末以后,有人将传入的西方逻辑译为"名学",说明其间有意义的关联。

名家学说的社会地位和价值,在于没有名家,就没有中国逻辑,不仅由于名家代表人物提出许多有深刻独创意义的逻辑思想,而且由于提出奇特论辩,从反面刺激中国逻辑的诞生。名家思想为中国逻辑论坛增添异彩,是中国传统文化的宝贵遗产,至今仍有重要学术价值。

《荀子·非十二子》评价说,春秋末期邓析和战国中期惠施,"好治怪说,玩奇辞",喜欢提出与常识相反的奇怪命题和怪异论证。辩说考察,不合急用,劳而无功,不能作为治理国家的原则。然而他们却能"持之有故,言之成理",坚持论点有根据,论证有条理,能够欺骗迷惑人,赢得许多追随者。有许多很难成立的论点,邓析、惠施都能论证,如邓析、惠施能论证如下"怪说奇辞":

1. 山渊平

山和渊是平的。这是反常识和一般概念的怪论。就一般常识和概念说,山和渊不平。《经上》总结几何学的知识说:"平,同高也。"邓析、惠施故意违反常识、一般概念和科学知识,根据个别事实,有的山(较低的山)和有的渊(高山上的渊)是一样高度的特殊情况,推论出一般命题"山渊平"。从谬误学的实质谬误分类来说,这是犯特例概括、以偏概全和逆偶然的错误。《荀子·正名》批评说,"山渊平","此惑于用实以乱名者也。验之所缘以同异,而观其孰调,则能禁之矣。""山渊平"命题的论证,错误在于用个别、特殊情况,以模糊搞乱一般概念。克服的方法,是用概念区分同异的原则来检验；观察哪种说法与事实更协调，就能禁止。

《庄子·天下》说，与惠施同时的"辩者"，有"山与泽平"的命题，同"山渊平"的命题相近。"山渊平"命题的积极意义，是启发辩证思维，以日常生活中的浅近事例，教人们在抽象的概念和原则之外，注意具体、特殊的事实，在概念的确定性之外，注意概念的灵活性，防止思想僵化。

2. 天地比

天和地互比高低。这是反常识和一般概念的怪论。《庄子·天下》说与惠施同时的"辩者"，有"天与地卑"的命题，与"天地比"的命题意思相通。一般的常识和概念是"天高地卑"（"天地悬隔"、"天壤之别"）。如果变换观察问题角度，可以把天地看作一样高，可以互比高低，界限并非不可逾越。凭高远眺，在地平线上天地相连，不分彼此。现代天文学概念和宇宙航行经验，可说明这一点。站在别的星球，"天"成为"地"，"地"成为"天"。"天地比"并非纯粹诡辩，而是包含一定辩证思维和自然科学的知识。

唐陆德明《经典释文》说："以地比天，则地卑于天。若宇宙之高，则天地皆卑。天地皆卑，则山与泽平矣。"唐成玄英《庄子疏》说："夫物情见者，则天高而地卑，山崇而泽下。今以道观之，则山泽均平，天地一致矣。"

宋林希逸《庄子口义》卷十说："天虽高，地虽卑，而天气有时下降，则亦为卑矣。故曰，天与地卑。山高于泽，而泽之气可通于山，则'山与泽平'矣。"这都是理解"天地比"命题的方法论启示。

3. 齐秦袭

即齐秦两国接壤。这是违反常识的怪论，但包含敏锐的智慧和深刻的寓意。《荀子·不苟》唐杨倞注说："袭，合也。齐在东，秦在西，相去甚远，若以天地之大包之，则曾无隔异，亦可合为一国也。"

齐在今山东省北部，是东方大国。秦在今陕西中部和甘肃东南端，为西方强国。齐、秦间，隔有中原地区广大地带（有周、郑、卫、宋、鲁等），并不接壤。从更大范围，如从宇宙来说，两国间的距离，可忽略不计。两国从地理位置上虽不接壤，但从政治、经济、文化、军事、外交等方面来看，又有千丝万缕的联系、接触，这都可以说是"齐秦袭"。这是概念意义转换的机智思索。

4. 入乎耳,出乎口

从耳朵进去,从口中出来。即耳听和口说。辩者观察语言学习的社会现象,萌发机智思考,作出令人莫名其妙的命题,出个谜语给人猜,这符合辩者思维表达方式的特点。可以设想如下谜语:"入乎耳,出乎口:打一社会现象。"谜底:"语言"。语言学习的过程和特征,是"入乎耳,出乎口"。

5. 姁有须

老年妇女有胡须。这是违反常识的怪说。清俞樾说:"《说文·女部》'姁,妪也。'妪无须,而谓之有须,故曰'说之难持也'。"妪:年老妇女。把偶有变态生理现象的年老妇女说成"有须",是指出与一般情况相反的特例,指出人们没有留意的自然现象。"姁有须"虽违反一般常识,但有一定事实根据。

6. 卵有毛

卵中有毛。《荀子·不苟》唐杨倞注说:"胎卵之生,必有毛羽。鸡伏鹄卵,卵不为鸡,则生类于鹄也。毛气成毛,羽气成羽,虽胎卵未生,而毛羽之性亦著矣。故曰'卵有毛'也。"清宣颖说:"卵无毛,则鸟何自有也?"

《庄子·天下》说,与惠施同时的"辩者",有"卵有毛"的论题。这是从"卵有毛"的可能性,而说"卵有毛"的现实性。雏鸟即将从卵中孵出,卵内的胚胎已发育成有毛,但还没有出壳的机体,这时可以说"卵有毛"。从常识看,"卵有毛"是奇怪命题,经一定解释,可以说包含合理内容和机智哲理。

四、惠施的故事

惠施是战国中期名家主要代表人,博学善辩,《庄子·天下》说"惠施多方,其书五车",《汉书·艺文志》著录《惠子》1 篇,已佚。先秦汉代典籍记载其学说行事,说他任魏相多年,为魏立法,主谋魏、齐相王,主张联齐抗秦。与庄子相悟论学,《庄子·秋水》载庄、惠"濠梁之辩"的故事:

庄子和惠施在濠水桥上散步,庄子说:"鱼儿出游从容,是鱼的快乐。"惠施说:"你不是鱼,怎么知道鱼的快乐。"这是惠施的强辩。不是鱼,根据鱼的表现,可以判明鱼的快乐。

庄子说:"你不是我,怎么知道我不知道鱼的快乐?"这是以子之矛攻子之盾,用惠施的逻辑反驳惠施,归谬法。

惠施说:"我不是你,固然不知道你。你本来不是鱼,所以你不知道鱼的快乐,于是论证完全。"这是欲擒先纵,以退为进,承认自己小错,攻击对方大错。

庄子说:"请回到谈话开头,你说'你怎么知道鱼的快乐',既然已经知道我已经知道,还故意问我,我就是在濠上知道的!"这是偷换概念,把惠施关于方式的疑问"安知鱼之乐",偷换为关于地点的疑问,所以回答说"我知之濠上也";同时也有断章取义、强词夺理的谬误,从惠施的疑问句"汝安知鱼乐"、"安知鱼之乐",引申出陈述句、实然命题"惠施已经知道庄子已经知道鱼的快乐"。[①]

庄、惠的"濠梁之辩",脍炙人口,辩才无碍,为历代先哲所乐道。宋邵雍《皇极经世书》卷十三引此辩论评价说:"庄子雄辩,数千年一人而已。"但惠施是庄子雄辩的好搭档,也应该是数千年雄辩的好手。"濠梁之辩"的处所,是人们寻访纪念的名胜古迹,为方志所记载。唐李吉甫《元和郡县志》卷十说:"庄周台在(钟离)县西南七里,濠水经其前,庄子与惠子观鱼之所,又曰观鱼台。"

《庄子·天下》载惠施《历物之意》10 个论题。"历":分析。成玄英疏说:"历览辩之。"唐陆德明《经典释文》注:"分别历说之。""意":断定,判断。"历物之意",是惠施对宇宙万物整体分析的结论。惠施《历物之意》10 个论题如下。

1. 至大无外,谓之大一。至小无内,谓之小一

最大的没有外边,叫"最大的一"。最小的没有里面,叫"最小的一"。惠施把最大的没有外边,叫做大一。最小的没有里面,叫做小一。"无外",即没有什么东西在其外,这相当于无限大的概念。"无内",即没有什么东西在其内,这相当于无限小的概念。

齐国稷下学派曾用"其大无外,其小无内"形容"道"概念的性质。《管子·心术上》说:"道在天地之间也,其大无外,其小无内。"唐尹知章注:"所谓大无不包,细无不入也。"惠施用这一个成语,不是用来形容"道",而

---

① 《庄子·秋水》:庄子与惠子游于濠梁之上,庄子曰:"鯈鱼出游从容,是鱼乐也。"惠子曰:"子非鱼,安知鱼之乐?"庄子曰:"子非我,安知我不知鱼之乐?"惠子曰:"我非子,固不知子矣。子固非鱼也,子之不知鱼之乐全矣。"庄子曰:"请循其本,子曰'汝安知鱼乐'云者,既已知吾知之,而问我,我知之濠上也!"

是用来为无限大、无限小的概念下定义。

《庄子·秋水》说:"何以知毫末之足以定至细之倪(度量的标准)? 又何以知天地之足以穷至大之域?"这也是对宇宙有限论的一种怀疑,并用"至细"、"至大"的概念,表达宇宙微观和宏观的无限性。

唐陆德明《经典释文》说:"无外不可一,无内不可分,故谓之一也。"唐成玄英《庄子疏》说:"囊括无外,谓之大也。入于无间,谓之小也。"惠施利用当时的思想资料,为无限大和无限小的概念命名,用特征描述法(揭示内涵)对其作出定义。

2. 无厚不可积也,其大千里

没有厚度的东西(这里指面积),是累积不起来的,然而它却可以大至千里。几何学上的面积,没有厚度,没有体积,但有广度(长和宽),可绵延扩展至千里大。"无厚"是先秦名辩思潮中一大争论课题。《庄子·养生主》说:"彼节者有间,而刀刃者无厚。以无厚入有间,恢恢乎其于游刃必有余地矣。"这里以"无厚"形容刀刃薄到极点,可视为没有厚度。

《经上》说:"端,体之无厚而最前者也。"《墨经》"无厚",指点、线、面。点即"端",没有长、宽、高(厚度),是"无厚"。线没有宽、高(厚度),只有长度,是"无厚"。面积只有长、宽,没有高(厚度),是"无厚"。

先秦儒、法等家,最关心政治、伦理,即治国、平天下问题,反对讨论"无厚"问题。《荀子·修身》说:"坚白、同异、有厚、无厚之察,非不察也. 然而君子不辩,止之也。"《韩非子·问辩》说:"坚白、无厚之词彰,而宪令之法息。"《吕氏春秋·君守》说:"坚白之察,无厚之辩,外矣。"

晋鲁胜指出讨论这一问题的意义,说:"名必有分,明分莫如有无,故有无厚之辩。"名称有不同的界限,明白这些界限,最明显地表现在有无上,所以有"无厚"之辩。惠施的命题,表明面积这一"无厚",尽管在高度上不可累积(在厚度上是无),但在长度、宽度上是有,可度量,其长宽可有千里之遥,三维空间要从长、宽、高三个方向上分别考察、计算,而不可混为一谈。

3. 天与地卑,山与泽平

天和地一样高,山和水一样平。这是讲空间高低差别的相对性。从一个范围看,天高地低,山岭高水泽低,惠施从另一观察角度说,天地相接,不分高低,山岭和水泽也可以一样平。如高处之泽和低处之山,可以是一个高度。《经上》说:"平,同高也。"晋李颐说:"以地比天,则地卑于天。若宇宙之高,则天地皆卑。天地皆卑,则山与泽平矣。"从宇宙"大一"的观点看,天地山泽的位差可以忽略不计。

4. 日方中方睨,物方生方死

太阳刚刚中午,同时又开始偏斜了。事物刚刚出生,同时也就开始走向死亡了。太阳正中午只有一瞬间,从运动连续性的观点看,它马上又开始西斜了。运动着的物体,"在同一瞬间既在一个地方又在另一个地方,既在同一个地方又不在同一个地方。"①同一瞬间,在两个地方,仅从运动间断性的观点看,难以理解,从运动连续性的观点看,不如此就不能实现运动。惠施和其他辩者当时讨论的许多命题,都涉及到如何在概念和判断中表达运动的辩证思维课题。

"物方生方死"的命题,包含生和死两个概念的对立统一。毛泽东《矛盾论》说:"新陈代谢是宇宙间普遍的永远不可抵抗的规律。"任何事物内部都包含新旧、生死两方面。"方",刚刚,开始,正在,表现在时的时间模态,刻画正在发生的过程。刚刚实现的东西(现在正存在的东西),同时即变为过去的东西,强调事物的流动、变动性。"方P并且方非P"的公式,表达事物的对立统一。

《庄子·齐物论》说:"方生方死,方死方生。"唐成玄英《庄子疏》说:"睨,侧视也。居西者呼为中,处东者呼为侧,则无中侧也。犹生死也。生者以死为死,死者以生为死,日既中侧不殊,物亦死生无异也。"宋林希逸《庄子口义》卷十说:"'睨',侧视也。日方中之时,侧而视之则非中矣,则中谓之侧亦可,故曰'方中方睨'。物方发生,而其种必前日之死者,故曰'方生方死'。"

5. 大同而与小同异,此之谓小同异;万物毕同毕异,此之谓大同异

"大同"(大类)跟"小同"(小类)不同,这叫做"小同异";万物都相同(都是物),万物都不同(个体),这叫做"大同异"。

《荀子·修身》唐杨倞注说:"《庄子》所谓'大同而与小同异,此之谓小同异',言同在天地之间,故谓之'大同'。物各有种类所同,故谓之'小同'。是'大同'与'小同'异也。此略举'同异',故曰'此之谓小同异'。《庄子》又曰:'万物毕同毕异,此之谓大同异。'言万物总谓之'物',莫不皆

---

① 恩格斯:《反杜林论》,北京:人民出版社1970年版,第117页。

同,是'万物毕同'。若分而别之,则人耳目鼻口百体,草木枝叶花实,无不皆异,是物'毕异'也。此具举'同异',故曰'此之谓大同异'。"

惠施把大同和小同有差异,叫做小同异;一切事物都完全相同,并且一切事物都完全相异,叫做大同异。从现代逻辑哲学的观点看,这是正确的科学知识。

小同异,指事物的大类(属)和小类(种)之间的同一性和差异性。大类(属)的共同性是大同,小类(种)的共同性是小同。如鸡和鸽同为鸟类,这是小同。牛与马同为兽类,是小同。而鸡、鸽、牛、马,同属动物类,这是大同。这里,动物这个属概念,同鸟、兽这两个种概念,外延大小的不同,在惠施看来,叫小同异。小同异,指事物属种系列中大类(大同)和小类(小同)范围大小的不同。小同异的概念,概括了除事物的最高类(范畴)和个体之外全部类概念的系列。这相当于《墨经》的"类名"。

大同异,指事物的最高类(范畴)和个体的差异,即事物的统一性和多样性。《庄子·德充符》说:"自其异者视之,肝胆楚越也。自其同者视之,万物皆一也。"即观察万物,从其相异的方面看,同在一体的肝胆,就同楚国和越国之间那样遥远。从相同的方面看,万物都是一体。这是惠施"万物毕同毕异"命题的另一种表述。

从惠施"大一"的观点看,万物都有共同性,万物都是"物",表示宇宙的物质同一性,相当于荀子的"大共名"和《墨经》的"达名"。《吕氏春秋·有始》说:"天地万物,一人之身也,此之谓大同。"吕氏所谓"大同",相当于惠施说的"万物毕同",即把万物看作如"一人之身"一样的统一整体。"万物毕同",是对宇宙整体的观察,即"万物毕同"。

"万物毕异",是从事物个体多样性的观点看,即"物物一体"。《荀子·富国》说:"万物同宇而异体。"因为万物各不同体,所以都有个性差异。《墨经》说:"二必异。"即任何二物必有差异。世界上没有两片完全相同的树叶。极相似的孪生子也有差别,因为毕竟是不同个体。《吕氏春秋·疑似》说:"夫孪子之相似者,其母常识之,知之审也。"

《吕氏春秋·有始》说:"众耳目鼻口也,众五谷寒暑也,此之谓众异。"这是比喻个性的差异。惠施的"万物毕异",相当于《墨经》中说的"私名",即个体概念(单独概念)。由于物物各一体,所以物物各有"私名"。

6. 南方无穷而有穷

南方是无穷的,又是有穷的。"南方无穷"是战国时人常说的话。《墨经》中说"南方无穷"和"无穷尽"(这里"尽"指有穷。墨家所谓"无穷尽",实质上相当于惠施所谓"无穷而有穷")。当时认为东有苍海,西有流沙,北有峻岭,南方一再开拓,没有止境,就认为是无穷的,后发现南面也有海洋,就认为是有穷的。但从惠施的命题和《墨经》的话看来,擅长理论思维的学者认为南方是无穷的。

从惠施"大一"、"万物毕同"和"天地一体"的观点看,世界是无限大的。世界上除了无限大的宇宙之外,什么也没有。在无限大的空间中,无论在长、宽、高三维哪一个方向,都可以无限延伸。由此推出,从所在的一点出发,向南方无限延伸,永远也没有尽头。"南方无穷"的命题,是惠施描绘的世界图景的一个必要环节,也是从惠施宇宙观中必然引申出的结论。

《墨经》"盈"和"尽"的定义,是理解这一命题的钥匙。"盈"的定义是"莫不有","尽"的定义是"莫不然"。其推论过程是:命题1:南方是无穷的。命题2:无穷的南方莫不充盈和存在各种事物。命题3:无穷的南方莫不是如此。

《墨经》又说:"盈无穷,则无穷尽也。"即无穷的南方既然充盈,则无穷的南方被有穷的语言穷尽,用有穷的语言穷尽刻画南方的无穷性。

"南方无穷而有穷"的命题,是辩证思维的结晶,反映辩者机智的辩论技巧。惠施用这一命题,结合无穷和有穷的对立概念,反映空间无限性和有限性的统一。

7. 今日适越而昔来

今天动身去越国,昨天就到了。从概念的确定性、绝对性上分析,今非昔,昔非今,今天动身去越,说昨天已到,是荒谬的,是违背事实和情理的悖论。从概念的流动性、相对性上分析,今可变昔,昔可变今。"今日去越",这个"今"可变为"昔"(从明天说,今天是"昔")。从这个意义说,是接触到概念的转化问题。

从科学知识上分析。西汉天文、数学著作《周髀算经》说:"日运行处北极,北方日中,南方夜半。日在东极,东方日中,西方夜半。日在南极,南方日中,北方夜半。日在西极,西方日中,东方夜半。"就"日在东极"说,东方人说"今日到越国去",西方人则可说"昨天来到"。

设当日处东极时，一个东方人于今日（设为初二）日中时动身到越国去，并在当日到达。就西方人说，此人于昨日（初一）到达。因为当东方处于初二日中时，西方人正处于初一的夜半，尚未到初二日。待到西方初二日中时，此人早已来到越国。所以就可以说："今日适越（就东方人说）而昔来（就西方人说）。"莫绍揆《百科知识》1982 年第 7 期《逻辑学的兴起》说："只要以超过地球自转的速度而往西行，必将会出现下列现象：在东方 10 时启程，到达西方时却是 9 时。"总之，"今日适越而昔来"的悖论式命题有解。

8. 连环可解也

互相套连的环是可以解开的。这个论题的解释，有以下几种：

第一，以不解为解。《庄子·天下》西晋司马彪注说："连环所贯，贯于无环，非贯于环也。若两环不相贯，则虽连环，故可解也。"唐成玄英疏说："夫环之相贯，贯于空处，不贯于环也。是以两环贯突，不相涉入，各自通转，故可解者也。"

宋林希逸《庄子口义》卷十说："两环相连，虽不可解，而其为环者，必各自为圆，不可以相粘。"即连环的实体部分并不互相沾连贯通，而只贯通于空处，各环可运转自如，把这种现象解释为"可解"，这不是常识所理解的可解，是巧辩或曲解，但也不失为一种解法。

第二，把"可解"理解为数学意义上的"巧计算"，这是另一种以不解为解。胡适说："对于计算这连环的圆周和半径的数学家来说，每一环都可看作是与他环分离的。它们之彼此扣接完全没有给他带来任何困难。"这是利用"可解"的常识意义（可以解开），一语双关，偷偷地安放进去"可计算"（通常数学家对一道数学题所说的"可解"）的意义。[1] 这属巧辩。

第三，以解体（损坏）为解。冯友兰说："连环是不可解的，但是当它毁坏的时候，自然就解了。""连环存在的时候，也就是它开始毁坏的时候，也就是它开始解的时候。"[2]这是自然损坏说。《战国策·齐策》说："秦昭王尝遣使者遗君王后玉连环曰：'齐多智，而解此环不？'君王后以示群臣，群臣不知解。君王后引锥椎破之，谢秦使曰：'谨以解矣。'"齐威王后用锤子

① 胡适：《先秦名学史》，上海：学林出版社 1983 年版，第 101、102 页。
② 冯友兰：《中国哲学史新编》第 2 册，北京：人民出版社 1984 年版，第 153 页。

把玉连环打碎,向使臣说:"连环解开了。"这是人为损坏说。这是把"连环可解"解释成解体。这是一种解的方式,即解决问题的方案之一,但毁坏或打碎的连环,就不再是连环。

第四,以指出不可解为解。这是以不解为解。《淮南子·人间训》说:"夫儿说之巧,于闭结无不解,非能闭结而尽解之也,不解不可解也。至乎以弗解解之者,可与及言论矣。"又《说山训》说:"儿说之为宋王解闭结,此皆微眇可以观论者。"

《吕氏春秋·君守》说:"鲁鄙人遗宋元王闭,元王号令于国,有巧者皆来解闭。人莫之能解。儿说之弟子请往解之,乃能解其一,不能解其一,且曰:'非可解而我不能解也,固不可解也。'问之鲁鄙人。鄙人曰:'然,固不可解也。我为之,而知其不可解也。今不为,而知其不可解也,是巧于我。'故如儿说之弟子者,以'不解'解之也。"

战国时期解闭或解连环的故事流传很广。惠施"连环可解也"的命题,可能与这些故事有关。"能解其一,不能解其一"的"解"指解开,这是"连环可解也"中"解"字的本义或常识所理解的意义。以指出不可解为解,这的确是一种机智的巧辩,也是一种违反常识的悖论式的说法。

惠施"连环可解也"的命题,寓意颇深,富有启发。其直接意义,是说明不可解与可解的相对性,不可解在一定条件下变成可解。其引申义,是一个语句可表达不同的判断。这是锻炼思维、练习巧辩的逻辑应用题,可以使人在解题的论证和巧辩过程中增益其所不能。在战国时期,各国统治者由于政治、外交和文化等方面的需要,需要有一批像辩者这样的知识分子来为他们服务。因此,辩者之师就为他们培养出这样的知识分子。在这个过程中,解说辩论如"连环可解也"之类的命题,就成为辩者之徒必修课的内容。

9. 我知天下之中央,燕之北、越之南是也

天下的中央,可以是燕国的北边,或者越国的南边。惠施这一论点,超出常识。当时中国人的常识和推论是:

燕南越北是中国的中央。
中国是天下的中央。
所以,燕南越北是天下的中央。

从惠施"大一",即宇宙无限大的概念,能必然引申出宇宙中心相对性的观

点。世界在长、宽、高三维都是无限的,在长、宽、高三维任取一点,都可以说是天下之中央。宇宙中心相对性的论点,是惠施"历物之意"的一个环节和有机组成部分。

据惠施宇宙无限大的观点,中国如沧海一粟。《庄子·秋水》说,四海与天地相比,好像小穴与大泽。中国在海内,好像粒米在大仓。《庄子》西晋司马彪注说:"燕之去越有数,而南北之远无穷。由无穷观有数,则燕、越之间,未始有分也。天下无方,故所在为中,循环无端,故所在为始也。"

宋林希逸《庄子口义》卷十说:"燕北越南,固非天下之中,而燕人但知有燕,越人但知有越,天地之初,彼此皆不相知,则亦以其国之中,为天地之中也。"

根据当时的地理知识和推测,有人指出中国不一定是世界的中央。阴阳家代表邹衍说,世界有被海环绕的 9 大州。每大州有 9 个被海环绕的像赤县神州的州。中国这个赤县神州,是 9 大州的 1/81。

《吕氏春秋·有始》说,中国在四海之内。四海之内,东西 280000 里,南北 260000 里。四海又在四极之内。四极之内,东西南北各 5 亿又 970000 里。有"白民之国","日中无影","盖天地之中也"。

《经上》第 89 条"同异交得"(对立统一规律)的一个案例是:"中央,旁也。"即一般所谓"中央",从另一观察角度看,可以视为"旁"。"中央"和"旁",是相对、可变的。A 圆的圆心("中央"),可以是 B 圆圆周上的一点("旁")。这是墨家几何学的一个例题,是其辩证思维的一个典型案例,也是惠施"我知天下之中央,燕之北、越之南是也"命题的自然科学佐证。

10. 泛爱万物,天地一体也

普遍热爱万物,天地是和谐整体。《吕氏春秋·有始》说,"天地万物",就如同"一人之身"一样,是一个统一整体。根据"大一"观点,宇宙之外无他物。"大一"本身即整个宇宙,是一个伟大、和谐整体,所以要无差别地热爱万物。

这比墨家"兼爱"的范围更广,于人之外还要及于万物。这反映惠施热爱大自然的胸怀和对自然科学知识的浓厚兴趣、强烈爱好和积极追求,这与许多中国古代学者只关注政治伦理的狭隘眼界大相径庭。

《庄子·天下》列举惠施与其他辩者的辩题之后,对惠施评论说,惠施整天用这些知识跟人辩论,特别是与"天下之辩者"谈论这些怪说。惠施普遍地解说万物,说起来没完,滔滔不绝,还嫌说得少,又加上一些奇怪论证,以反常识为特点,而博得"胜人"的名声。强于论证万物,把精力分散于万物而不觉得厌烦,博得"善辩"的名声。惠施的才能,都用来追逐万物,而不知返。由庄子的评论可知:

第一,惠施在当时和以后遭到责难的原因之一,是他站在与众不同的反常识的立场。惠施的命题,往往以反常识的面目出现,故意作出反常识的命题,从事机智的辩论,这是名家、辩者的特点。其中有些辩论,是合理,合乎逻辑的。有些辩论,从某种意义上说是不合理,不合逻辑的,但仍包含某种超越时代的智慧。常识不一定是真理,反常识不一定是谬误。

黑格尔说:"健全的常识包括有它的时代的共同意见。例如,如果有人在哥白尼以前说,地球环绕太阳旋转,或者在发现美洲以前说,那边还有大陆:那就是违反全部健全的常识的。在印度、中国,共和国也是违反全部健全常识的。健全的常识是一个时代的思想方式,其中包含着这个时代的一切偏见,常识总是为它所不自觉的思想范畴所支配的。"[1]名家、辩者的论辩,超出当时中国人的常识,所以遭到时人的批评。

第二,惠施注意观察万物,对自然科学有浓厚兴趣。他"遍为万物说",注重探讨自然现象的因果联系。他"强于物","散于万物而不厌","逐万物而不反",是他的难能可贵处。惠施"历物之意"10 个论题,"大同异"、"小同异"涉及概念分类知识。他运用辩证思维,解说自然万物的根本道理,有些论题涉及整个世界图景,有些论题论及空间相对性,有些论题论及时间相对性。

惠施是中国古代辩证思维的杰出代表。惠施的命题,大都带有科学意义。这些命题从各方面揭示自然界的矛盾运动规律。惠施的科学命题,来自抽象理论思维和天才猜测,带有朴素性。惠施"历物之意",是对人类思维科学的贡献,有重要学术价值。

惠施的辩论,轰动一时,唱和者甚多。《天下》列举惠施"历物之意"论题之后说:"惠施以此为大观于天下,而晓辩者;天下之辩者,相与乐之。"惠施把这些论题,作为对天下整体观察的结果,以此晓谕辩者。在惠施影响

---

① 黑格尔:《哲学史讲演录》第 2 卷,北京:三联书店 1957 年版,第 33 页。

下,辩者提出 21 个论题,同惠施辩论。这些辩论极大推动中国逻辑的发展,墨家和荀子逻辑,在清理这些辩论的基础上建立。

五、辩者的故事

《庄子·天下》载公孙龙等辩者提出 21 个论题,跟惠施辩论:

卵有毛 鸟卵在未孵出雏鸟时就有毛。西晋司马彪注说:"胎卵之生,必有毛羽。""毛气成毛,羽气成羽,虽胎卵未生,而毛羽之性亦著矣。故曰'卵有毛'也。"如此解释,"卵有毛"的论题,则是把鸟卵有生毛的可能性,直接说成现实性的诡辩。可能性是事物现象出现之前所具有的某种发展趋势,用或然命题(可能命题)表示。现实性是可能性的实现,是存在的事实,用实然命题表示。这是两种不同的模态,不能混淆。《墨经》逻辑作出明确区分,说将要出门,不等于已经出门;将要入井,不等于已经入井。同样,"卵有毛"的可能性,不等于"卵有毛"的现实性。

鸡三足 鸡有三只足。《公孙龙子·通变论》论证说:"谓鸡足,一。数足,二。二而一,故三。谓牛羊足,一。数足,四。四而一,故五。牛羊足五,鸡足三。"其诡辩论证是:说"鸡足",是一只足;数鸡足个数,是二只足。一只足,加二只足,等于三只足。这种诡辩论证,违反数学和逻辑常识:不同类不能相加。这触及集合概念及其元素的关系问题。"鸡足"是一集合概念;"数足二",是元素概念。辩者混淆集合和元素概念的不同层次,用算术方法,机械相加。运用同样诡辩方法,可说"牛羊足五"。这从反面说明,运用明确的概念,进行逻辑思维的重要。辩者用这类诡辩,作学习谈辩课程的习题,进行逻辑训练,这是职业辩者的日常工作。

郢有天下 楚国都城郢,领有全天下。这是反常识的怪论,从政治意义上说,有一定程度的真理性;从地理意义上说,是诡辩。

从政治意义上说,若楚称王,则郢领有天下。《庄子》唐成玄英疏说:"郢,楚都也,在江陵北七十里。夫物之所居,皆有四方,是以燕北、越南,可谓天中。故楚都于郢,地方千里,何妨即天下者耶。"从地理意义上说"郢有天下",是诡辩。《经下》第 157 条说:"荆之大,其沈浅也,说在有。"《经说下》解释说:"沈,荆之有也。则沈浅非荆浅也。若易五之一。"即楚国是大的,楚国的沈县是偏小的,论证的理由在于沈县为楚国所领有。沈县为楚国所领有,则沈县小,并非楚国小。如果把沈县与楚国混淆起来,那就像用

五份东西偷换一份东西。"荆":楚的别名。"沈":楚县名,在今河南固始,临皖。"浅":地域偏小。用同样的逻辑推论:

> 郢是楚国一部分。
> 楚是天下一部分。
> 所以,郢是天下一部分。

从地理意义上,只能说"天下有郢",不能倒过来说"郢有天下"。

犬可以为羊 犬可以说成羊。西晋司马彪说:"名以名物,而非物也。犬羊之名,非犬羊也。非羊可以名为羊,则犬可以名羊。郑人谓玉未理者曰璞,周人谓鼠未腊者亦曰璞。故形在于物,名在于人。"唐成玄英《庄子疏》说:"名实不定,可呼犬为羊。"宋林希逸《庄子口义》卷十说:"犬可以为羊,谓犬羊之名,出于人,而不出于物,使有物之初,谓犬为羊,则今人亦以为羊矣。谓羊为犬,则今人亦以为犬矣。"清宣颖说:"犬、羊之名,皆人所命,若先名犬为羊,则为羊矣。"这是最初约定名称时的人为性。《荀子·正名》说:"名无固实,约之以命实,约定俗成谓之实名。"如在命名之初,把犬、羊之名互易命物,亦无不可。不过,名称一旦约定俗成之后,再互易命物,会引起混乱。这就是荀子说的:"名无因宜,约之以命,约定俗成谓之宜,异于约则谓之不宜。"这是语言学的常识。辩者用最初命名时的人为性,否定名称约定俗成后的确定性。强调事物的一方面,否定事物的另一方面,是辩者诡辩的手法。但不能把辩者的诡辩看作纯粹的胡说八道,而是故意用反常识的怪论形式,曲折、歪曲地表达现某种真理。

马有卵 兽类动物马有鸟类动物的卵。这个命题,采取反常识的怪论形式,其中有合理内容。晋李颐说:"胎卵无定形。故鸟可以有胎,马可以有卵也。"马是胎生动物,在马的胚胎发育初期,近似鸟类之卵。胎生动物马的个体发育史,重复其进化前身鸟类动物的某些特征。兽类动物马的胚胎,从受精卵发育开始。宋林希逸《庄子口义》卷十说:"马有卵者,胎生虽异于卵生,而胎卵之名,实人为之,若谓胎为卵,亦可即犬羊之意。"这是另一种解释,道理同于"犬可以为羊"。

丁子有尾 青蛙有尾巴。辩者故意用违反常识的怪论,表达动物发育的知识。唐成玄英说,"楚人呼虾蟆为丁子也。"宋林希逸《庄子口义》卷十说:"丁子,虾蟇也,蛙也。楚人谓之丁子。丁子虽无尾,而其始也实蝌蚪,化成蝌蚪,既有尾,则谓丁子为有尾亦可。"无尾之蛙,由有尾之蝌蚪发育而成。蛙是蝌蚪的成年期,蝌蚪是蛙的幼年期。从这个意义上说:"丁子有尾。"

火不热 火不是热的。成玄英《庄子疏》说:"譬杖加于体,而痛发于人,人痛杖不痛,亦犹火加体,而热发于人,人热火不热也。一云,犹金木加于人,有痛楚,痛楚发于人,而金木非痛楚也。""火不热"的命题,是夸大人的感觉官能,否认事物的客观性质的诡辩。假如这个命题成立,则事物的温度、颜色、硬度等各种性质,都可以归结为人的感觉,客观事物就变成人各种感觉的复合。古希腊智者亦有类似诡辩。如普罗泰戈拉说:"在一阵风吹来时,有些人冷,有些人不冷;因此对于这阵风,我们不能说它本身是冷的或是不冷的。"热作为感觉,在人不在火。但火有使人觉得热的原因,即高温。热的本质,是物体分子激烈的不规则运动。物体先发热,才能使人体觉得热。《经说上》第 148 条说:"谓火热也,非以火之热我有,若视日。"热乃火之热,热性不能归结为人的主观感觉,如人看太阳,太阳本身发热,人才有热的感觉。辩者以人感觉到的热,否认物体本身的热,是歪曲论据性质,推不出来的诡辩。

山出口 "山"从口中说出。西晋司马彪说:"呼于一山,一山皆应。一山之声入于耳,形与声并行,是山有口也。"唐成玄英《庄子疏》说:"山本无名,山名出自人口。在山既尔,万法皆然也。"宋林希逸《庄子口义》卷十说:"空谷传声,人呼而能应,非山有口乎?"辩者从某一角度观察自然现象,得出这一违反常识的怪论。

轮不碾地 车轮从来不碾地。运行着的车轮,作为机械运动的一个事例,它在同一时间,既在一点,又不在一点;既在这一点,又在另一点。从"在一点"说,轮碾地;从"不在一点"、"在另一点"说,轮不碾地。即轮在行进过程中,即碾地又不碾地,这是全面的说法。辩者抓住机械运动矛盾的一个侧面,即从"不在一点"或"在另一点"说,得出违反常识的怪论"轮不碾地"。

目不见 眼睛是看不见的。《公孙龙子·坚白论》说:"且犹白以目、以火见,而火不见;则火与目不见。"即白是用眼睛,并且用光线,才能看见的,但光线不能见物,所以光线与眼睛加在一起,也不能见物。这里论证运用偷换概念的手法。第一句话中用眼睛见物,眼睛是见物的器官。而用光线见物,光线是见物的条件。眼睛和光线对于"见物"有不同作用。第二句

154

话中光线不能见物,是指光线不是见物的器官。所以,结论中不能由光线不是见物的器官,而类推眼睛不是见物的器官。《墨经》批驳"以目见而目见,以火见而火不见。"《墨经》清楚区分"见物器官"与"见物条件"的不同概念,揭露辩者的诡辩手法。

指不至,至不绝 概念对事物的概括,不能穷尽事物所有的性质。但是,概念已经达到的对事物的概括,包含一定绝对真理的成分。"指"是一种认识形式。一意是以手指指物。《经说下》第154条说:"指是霍也,是以实示人也。"《经说下》第140条说:"所知而弗能指,说在春也、逃臣、狗犬、遗者。"一意是以抽象概念概括事物。《公孙龙子·指物论》说:"物莫非指,而指非指。""指不至",即以手指指物,或以抽象概念概括事物,总有达不到之处,总有所遗漏。一旦以手指指某物,或以抽象概念概括某物,则这种认识就一直保留,不会断绝,这是"至不绝"。《列子·仲尼》列举公孙龙论题说:"有指不至,有物不尽。"与此意相近。"指不至,至不绝",是揭示认识现象相对性和绝对性对立统一的辩证命题。南朝文学家刘义庆《世说新语·文学篇》载:"客问乐令(乐广,官尚书令)'指不至'者,乐亦不复剖析文句,直以麈尾柄确几曰:'至不?'客曰:'至。'乐因又举麈尾曰:'若至者,那得去?'于是客乃悟服。乐辞约而旨达,皆此类。"这是魏晋玄学辩名析理思潮中,以麈尾柄达到和离开桌子的行为,作为"指不至,至不绝"的一种形象解释。

龟长于蛇 龟比蛇长。就一般情况而言,龟短蛇长。就特殊情况而言,大龟长于小蛇。另,龟形虽短,而寿长,蛇形虽长,而寿短。西晋司马彪说:"蛇形虽长,而命不久。龟形虽短,而命甚长。""龟长于蛇"是违反常识的怪论,意在强调长短的相对性、复杂性和多义性。

矩不方,规不可以为圆 矩尺作不出绝对的方形,圆规作不出绝对的圆形。这个命题,以否定形式,表达一般和个别、概念和具体事物的差异。《经上》第59、60条说:"圆,一中同长也。方,柱、隅四权也。"《经说上》解释说:"圆,规写交也。方,矩写交也。"这是方、圆的一般性质、抽象概念。方、圆图形,可用矩尺、圆规画出。这是讲解几何学的定义和作图法。列宁在《谈谈辩证法问题》中说:"任何一般只是大致地包括一切个别事物。任何个别都不能完全地包括在一般之中。"辩者指出一般和个别、概念和具体事物的差异,有合理因素,有助于防止思想僵化和绝对化。但他们故意作出违反常识的怪论,没有指出一般和个别、概念和事物的相对同一性,把差异性无限夸大,导致违反事实的诡辩,从中可导出极端的怀疑论、相对主义和不可知论。这一诡辩的方法,类似公孙龙的"白马非马":个别不是一般。

凿不围枘 榫眼围不住榫头。工匠加工榫眼、榫头,力求相围吻合。《周礼·考工记》说:"调其凿、枘而合之。"这是工匠经验的总结。事实上由于工艺的误差和材料的质量,凿、枘二者不能完全相合。西晋司马彪说:"凿枘异质,合为一形,凿积于枘,则凿枘异围,凿枘异围,是不相围也。"唐陆德明《经典释文》说:"凿者,孔也。枘者,孔中之木也。然枘入凿中,本穿空处,不关涉,故不能围,此犹连环可解义也。"宋林希逸《庄子口义》卷十说:"枘虽在凿之中,而枘之旋转,非凿可止,则谓之不围亦可。言围之不住也。""凿不围枘"命题的积极意义,是防止思想僵化和绝对化,其消极意义是导向怀疑论和相对主义。

飞鸟之影,未尝动也 飞鸟的影子从来没有动过。《列子·仲尼》载公孙龙说:"有影不移。""影不移者,说在改也。"说明这也是公孙龙等辩者喜欢辩论的问题。这个命题触及运动本质的理解。"飞鸟之影,未尝动也"的命题,取运动的一瞬间,认为这一瞬间曾"在一个地方",它的影子也静止在那里,未曾动过。这是用违反常识的怪论,表达对运动本质的理解。《经下》第117条说:"影不徙,说在改为。"《经说下》解释说:"光至影亡,若在,尽古息。"即一物体,在这里遮光成影,物移别处,这里光至影无,别处物至遮光又成新影。新影非旧影迁移,是新影的不断重新构成。影的移动,是现象,光源和物体相对位置改变,是本质。这个命题包含光学知识。

镞矢之疾,而有不行不止之时 飞行的箭,每一瞬间既静止,又运动,既在一个地方,又不在一个地方。这个命题表达了机械运动的本质。这是辩者的精密观察和高度抽象思维的结晶,超出同时代的其他学派学者的思维水平。这个似乎反常识的怪论,包含深刻的辩证哲理,与现代科学知识相合。

狗非犬 狗不是犬。《经说下》第136条说:"所谓非同也,则异也。同则或谓之狗,其或谓之犬也。"《经下》第141条说:"知狗而自谓不知犬,过也,说在重。"《经说下》解释说:"智狗重智犬则过,不重则不过。"《经下》第155条说:"狗,犬也。而'杀狗非杀犬也'不可,说在重。"《经说下》解释说:"狗,犬也。杀狗,谓之杀犬,可。"西晋司马彪:"狗犬同实异名。名实合,则彼所谓狗,此所谓犬也。名实离,则彼所谓狗,异于犬也。"宋林希逸《庄子口义》卷十说:"狗犬即一物也,谓之狗,则不可谓之犬矣。谓之犬,则不可谓之狗矣。故曰狗非犬。"狗犬是"二名一实"的"重同"。这是从"名实合"的角度看问题,即把概念和实际结合起来的"合知"。《墨经》允许从别的意义上理解"狗非犬"的命题。单从"名知"说,知狗可以说不知犬,因为狗、犬毕竟是两个"名",无论从字形、读音说,二者都不同。要想让人了解狗、犬是"二名一实",就要另外下定义。辩者从这个意义上引申出"狗非犬"的怪论。这个命题从"名知"的意义上是对的。但从"名实合"的"合知"上说,就成为诡辩。因为狗、犬所指对象是重合的。从所指对象说,应该说:"狗,犬也。"这个命题对古代逻辑,特别是对逻辑语义学、名实关系的研究,有启发意义。

黄马骊牛三 黄马和骊牛是三个。这是"鸡足三"式的诡辩,是把"黄马骊牛"的集合算做一个,把"黄马"和"骊牛"的元素,算做两个,然后把两个不同层次的概念,机械相加,总数为三。这与"鸡足三"的诡辩手法相同。

白狗黑 白狗是黑的。《小取》说:"之马之目眇,则谓'之马眇';之马之目大,而不谓'之马大'。""此乃一是而一非者也。"西晋司马彪说:"狗之目眇,谓之'眇狗';狗之目大,不曰'大狗',此乃一是一非,然则白狗黑目,亦可为'黑狗'。"即这个马的眼睛瞎,可以说"这个马眇"。但是,这个马的眼睛大,不能说"这个马大"。以此类推,可得"这个狗的眼睛瞎,可以说'这是瞎狗'。这个狗的眼睛大,不能说"这个狗大"。辩者错误地运用语句的省略结构,不正确类推说:

> 白狗的眼睛瞎,可以说"白狗瞎"。
> 白狗的眼睛黑,可以说"白狗黑"(?)

这里推理的前提是正确的,而推理的结论是错误的,犯机械类比的错误。根据语言约定俗成的含义,说"瞎狗",指狗的眼睛瞎,说"黑狗",却不是指"眼睛黑"而是指毛色黑。这个推理的素材,是墨家说的"一是一非"的情况。这揭示了辩者"白狗黑"这一怪论的由来。

孤驹未尝有母 孤驹从来就没有母亲。《列子·仲尼》说公孙龙有"孤犊未尝有母"的命题,并解释说:"孤犊未尝有母,有母非孤犊也。"这个命题从"孤驹"(或孤犊)的概念出发,认为既然称为"孤",就是(现在)无母,又由(现在)无母夸张为"未尝有母"(即过去无母,从来无母,未曾有母）。墨家认为，这是混淆时间模态所导致的诡辩。《经下》第 162 条说："可无也，有之而不可去，说在尝然。"《经说下》解释说："已然，则尝然，不可无也。"这里区分两种"无"，一种是"无之而无"，即从来就没有，如"无天陷"之"无"。另一种是"有之而后无"，如"先有马，后无马"，即先有而后失的"无"。孤驹之母是第二种"无"，是"有之而后无"。这种"无""有之而不可去，说在尝然"（尝然是曾经如此），从时间模态上驳倒辩者的诡辩。

一尺之捶，日取其半，万世不竭 一尺长的棍子，每天取一半，一万代也取不完。宋洪迈《容斋随笔·尺棰取半》说："《庄子》载惠子之语曰：'一尺之捶，日取其半，万世不竭。'虽为寓言，然此理固具。盖但取其半，正碎为微尘，余半犹存，虽至于无穷可也。""一尺之捶"，是长度有限的物体，包含无限的成分。每日将其一分为二，永无分完之时。这是运用抽象的数学和理论思维，作出的辩证命题，在反常识的怪论形式中，包含深刻智慧。这说明有限长的线段，可以无限分割，有限和无限是对立统一。这是辩者运用辩证思维取得的辉煌成果。可以说辩者的辩证思维水平高于《墨经》。《墨经》认为，"取半"的分割不能无限进行，最后会剩下不能取半、"不动"的"端"，相当于几何学的点。《墨经》站在经验的立场，当时的实验条件，不可能做到超越直观的无穷分割。辩者站在理论思维的立场，超越经验事实，进行数学运算。

从辩者与惠施讨论的 21 个论题，可以看出如下特点：

第一，这些命题，采用反常识的怪论形式。在当时和以后很长时期里，被斥为"奇辞怪说"，即谬误和诡辩。今天看来，有些论题不是谬论和诡辩，其中包含深邃哲理，闪烁智慧光芒。其他一些论题，虽带有诡辩色彩，含有明显谬误，但也曲折、片面地表达了真理。真理和谬误间，没有不可逾越的鸿沟。谬误也用真理作跳板。列宁说，真理"只要再多走一小步，仿佛是向同一方向迈的一小步，真理便会变成错误"。[①] 辩者的议论，常常真理和谬误混杂，科学和想象参半。

第二，这些命题，多涉及自然事物，对中国古代科学技术发展起到积极作用。

---

① 《列宁选集》第 4 卷，北京：人民出版社 1960 年版，第 257 页。

第三,这些命题,反映逻辑方法论的独立探讨。没有辩者的论辩,不会产生墨家和荀子的逻辑总结。

第四,这些命题,涉及辩证思维的全面性原则。有些命题,如"飞鸟之影,未尝动也","镞矢之疾,而有不行不止之时","一尺之捶,日取其半,万世不竭"等,是辩证思维的范例。

所有这些论题,不管是表现事物的矛盾,或歪曲事物的真相,都是典型的逻辑练习题。辩论这些题目,可以锻炼思维能力,习得论辩技巧。因此,这些命题至今仍吸引学者注意,为学者所乐道。

辩者学派的兴起,适应当时社会的需求。辩者公孙龙等,因辩论这些论题,受到世人关注。名家辩论,对中国古代逻辑的产生和发展,有不可磨灭的推进作用。

六、悖谬之论

《吕氏春秋·淫辞》载:秦国和赵国签订条约,条约规定:"从今以后,秦国想做的事,赵国帮助;赵国想做的事,秦国帮助。"没过多久,秦国兴兵攻打魏国,赵国想救魏国,秦王不高兴,派使臣责备赵王说:"条约规定,秦国想做的事,赵国帮助;赵国想做的事,秦国帮助。现在秦国想攻打魏国,而赵国却帮助魏国抵抗秦国,这违反条约规定。"赵王把这一情况告诉平原君,平原君又告诉公孙龙,公孙龙说:"赵国也可以派使臣责备秦王说:赵国想解救魏国,现在秦王偏偏不帮助赵国解救魏国,这违反条约规定。"[1]

这是运用墨家逻辑中的援式推论,即你可以那样,为什么我偏偏不能那样呢?"秦赵相约"的内容"自今以来,秦之所欲为,赵助之;赵之所欲为,秦助之"对双方有同等的约束力,产生同样的权利和义务。秦、赵两国相互指责的说词,所包含推论的内容和形式,是悖论。秦赵相约悖论推引过程,见表13。

---

① 《吕氏春秋·淫辞》:秦赵相与约,约曰:"自今以来,秦之所欲为,赵助之;赵之所欲为,秦助之。"居无几何,秦兴兵攻魏,赵欲救之,秦王不说,使人让赵王曰:"约曰,秦之所欲为,赵助之;赵之所欲为,秦助之。今秦欲攻魏,而赵因欲救之,此非约也。"赵王以告平原君,平原君以告公孙龙,公孙龙曰:"亦可以发使而让秦王曰:'赵欲救之,今秦王独不助赵,此非约也。'"

表 13　悖论推引

推论要素	秦国推论内容	秦国推论形式	赵国推论内容	赵国推论形式
大前提(喻)	秦国想要赵国帮助	$P_1 \wedge_1$	赵国想要秦国帮助	$P_2 \wedge_1$
小前提(因)	秦国想攻魏国	$P_1 \wedge_2$	赵国想救魏国	$P_2 \wedge_2$
结论(宗)	赵国帮秦国攻魏国	Q_1	秦国帮赵国救魏国	Q_2

　　秦赵相约悖论推引过程中,两个推论的内容和形式,分别来看都正确,属直言三段论演绎推论,符合推论规则。大前提(印度逻辑叫做"喻")都是引用条约规定的原文,小前提(印度逻辑叫做"因")是本国想做的事,但推出的结论(印度逻辑叫做"宗")互相矛盾,是悖论,其内容和公式如下:

　　　　　并非((赵国帮秦国攻魏国)并且(秦国帮赵国救魏国))

用公式表示:

$$\neg(Q_1 \wedge Q_2)$$

读为:并非 Q_1 并且 Q_2。"赵国帮秦国攻魏国"、"秦国帮赵国救魏国"两个互相矛盾的结论,无法同时实行(践约、履约),在实践上办不到,在逻辑上荒谬,违反矛盾律,是悖论。这种谬误,印度逻辑(因明)有专门论述。唐玄奘译为"相违决定"的不定似因。日本比较逻辑研究家末木刚博教授解释说:"相违"即矛盾。"决定"即确定。"相违决定",即由有效的两组前提出发,可推出两个互相矛盾的结论。"不定似因",指不能确定的虚假小前提。① 印度逻辑(因明学)研究家虞愚把这种谬误,称为"平衡理由"。即一理由成立一命题,同时另有理由,证明该命题的反面。或论题和反论题各有理由支持。②

　　犹如爸爸论证说:"因为是爱因斯坦发明相对论,不是他儿子,所以,爸爸比儿子聪明。"儿子针锋相对论证说:"因为是爱因斯坦发明相对论,不是他爸爸,所以,儿子比爸爸聪明。"这种论证,使用同一论据,得出矛盾结论,是悖谬之论(悖论),是强词夺理、推不出来的诡辩,违反充足理由律。

　　这相当于西方哲学的"二律背反",希腊文 antinomos,拉丁文 antinomies,英文 antinomy,指两个矛盾论题,都可根据公认的论据,得到证明。

---

① 末木刚博著、孙中原译:《因明的谬误论》,兰州:甘肃人民出版社 1989 年版,第 312、313 页。
② 刘培育:《中国古代哲学精华·名辩篇》,兰州:甘肃人民出版社 1992 年版,第 345 页;刘培育主编:《虞愚文集》第 1 卷,兰州:甘肃人民出版社 1995 年版,第 211、258 页。

"秦赵相约"故事中,推论出矛盾结论的原因,是两国所订条约的条文"秦之所欲为,赵助之;赵之所欲为,秦助之"的论题含混,"所欲为"的概念不明确,有歧义。这里涉及利益不同的两个国家,以及"想做"和"不想做"两种情况,所以全部排列组合,有以下四种可能:

(1) 秦国想做,赵国想做

(2) 秦国想做,赵国不想做

(3) 秦国不想做,赵国想做

(4) 秦国不想做,赵国不想做

如果两国做事,属于第 1 种情况,就可以顺利履行条约,不致于发生争论。但在"秦兴兵攻魏,赵欲救之"的情况下,两国利益不可调和,排除第 1 种情况,发生后面 3 种情况的矛盾、抵牾和争论,原订条约不能约束,无法仲裁,争论不休。

公孙龙是战国中后期名家的杰出代表,是立志"以正名实,而化天下焉"的学者。当赵王把秦赵关系的重大矛盾事件,告诉平原君,平原君又告诉谋士公孙龙时,公孙龙说:"赵国也可以派使臣责备秦王说:赵国想解救魏国,现在秦王偏偏不帮助赵国解救魏国,这违反条约规定。"这是一个正确的主意,援引两国条约原文,坚持本国原则立场,振振有词,秦王无法反驳。但"秦赵相约"的故事本身,提供了"论题含混"的反面事例。吕不韦把"秦赵相约"的故事,写进《淫辞》篇,作为诡辩的第一案例。"淫":惑乱,偏邪。"淫辞":夸大失实的言辞,意同"诡辩"。《孟子·公孙丑上》:"淫辞知其所陷。"《滕文公下》:"放淫辞。"宋王守仁(1472—1528)《阳明先生集要·文章编》卷二说:"侈淫辞,竞诡辩。"淫辞即诡辩。

歧义诡辩,是混淆语言不同意义的无效论证,有含混笼统和断章取义等表现。王充《论衡·问孔篇》载,春秋时卫人蘧伯玉派使者去见孔子,与孔子对话。使者走后,孔子批评说:"使乎!使乎!"王充说孔子的话过于简约,含混笼统,使"后世疑惑",不知使者究竟是犯了什么过错,引起不同意见的争辩。王充引韩非子说:"书约则弟子辩。"书文过于简约,含混笼统,会引起弟子的无谓争辩。

《论衡·书虚篇》批评史书说"齐桓公负妇人而朝诸侯",含混笼统,可指"桓公朝诸侯之时","妇人立于后",这在当时是正常的;也可指桓公把妇人背负在背后,意谓淫乱无礼之甚。说明语言含混笼统,造成认识和交际的障碍。《论衡·自纪篇》说:"口则务在明言,笔则务在露文。""言无不可晓,指无不可睹。""文字与言同趣,何为犹当隐闭指意?"主张说话明白,文字清楚,便于了解,反对"隐闭指意",即语言含混模糊。

有一位客人把一獐和一鹿关在一个笼子里,问王安石儿子元泽:"何者是獐?何者是鹿?"元泽不认识,思索了一会儿说:"獐边者是鹿,鹿边者是獐。"这是含混笼统的遁词。《孟子·公孙丑上》说:"遁词知其所穷。"即对躲闪逃遁的言词,知道其穷困之所在。

《经上》说:"说,所以明也。"即说话、议论是用来明确表达事物、交流思想的。《荀子·正名》说:"彼正其名,当其辞,以务白其志义者也。"人们使用正确的语词和恰当的语句,是为了明确表达思想。正确的论证,应该运用清楚明确的语言,遵守同一律。

严复指出,科学用语"必须界限分明,不准丝毫含混",说:"未有名义含糊,而所讲事理得明白者。"严复批评学术界,"极大极重要之立名",经常"意义歧混百出"。[①]梁启超在 1922 年 8 月 20 日《科学精神与东西文化》的讲演中说,学术界生出"笼统"弊病,如:"标题笼统","令人看不出他研究的对象为何物";"用语笼统","一句话容得几方面的解释";"思想笼统","最爱说大而无当不着边际的道理,自己主张的是什么,和别人不同之处在哪里,连自己也说不出"。

含混笼统的诡辩,由语言意义和所指模糊而产生。语言有指谓事物、表达思想的功能,正确思维和有效交际,要求遵守语言明确性的原则。含混笼统的谬误与诡辩,违反语言明确性原则,有碍于发挥语言的指谓、表达功能和进行有效的交际。

七、心理谬误

1. 曾参杀人

《战国策·秦策二》、《新序·杂事》载:在孔子弟子曾参的住地费城,有与曾参重名者犯了杀人罪,有一人向曾参母亲误传说:"曾参杀人了!"曾参母亲说:"我儿子不会杀人!"继续织布。过一会儿,第二个人又向曾参母

---

① 严复:《严复集》,北京:中华书局 1986 年版,第 1280、1285 页。

LOGIC

亲误传说:"曾参杀人了!"曾参母亲仍相信自己儿子,继续织布。再过一会儿,第三个人向曾参母亲误传说:"曾参杀人了!"曾参母亲害怕了,弃梭翻墙逃跑。这是"曾参杀人"成语的来源。

王充《论衡·累害》:"夫如是市虎之讹,投杼之误不足怪;则玉变为石,珠变为砾,不足诡也。"三国魏曹植《当墙欲高行》诗:"众口可以铄金,谗言三至,慈母不亲。"唐诗人李白说:"曾参岂是杀人者? 谗言三及慈母惊。"孔子弟子曾参本以品德贤良著称,曾参母亲也很了解自己的儿子不会杀人,但当"曾参杀人"的假话,接连有三个人重复传播时,连曾参的慈母也不免误信惊逃。

2. 三人成虎

战国时魏国被赵国打败,魏国太子和大臣庞恭将要到邯郸去做人质。临行前,庞恭怕自己走后魏王听信谗言,启发魏王说:"假定现在有一人说闹市上有虎,您相信吗?"魏王说"不信。"庞恭说:"有两人说闹市上有虎,您相信吗?"魏王说:"不信。"庞恭说:"有三人说闹市上有虎,您相信吗?"魏王说:"那我就相信了。"庞恭说:"闹市上本来没有虎是很明显的事实,但因为有三个人说有虎,您就相信了。现在从邯郸到魏国,比从王宫到闹市远得多,说我坏话的也会超过三个人,希望您能明察。"果然不出所料,待到庞恭做完人质从邯郸返回,魏王竟真的听信众人的谗言,而不愿再见他(见《韩非子·内储说上》、《战国策·魏策二》)。这是"三人成虎"成语的来源。

韩非子总结说:"言之为物也以多信。不然之物,十人云疑,百人然乎,千人不可解也。"(《韩非子·八经》)话因说的人多,容易被人相信。如某物事实上并非如此(S 不是 P,实然否定命题),十人说某物可能如此(S 可能是 P,或然肯定命题),百人会说成某物事实上如此(S 是 P,实然肯定命题),千人会说成某物必然如此(S 必然是 P,必然肯定命题)。这说明,假话经众人传播,次数越多,离事实愈远,愈易使人相信。先哲的精辟言论,有助于理解"心理谬误"的实质。

3. 诉诸众人

以众人所说为根据的无效论证,又叫"以众人为据","以众取证"。其公式是:因为众人说论题 P 正确,所以论题 P 正确。"诉诸众人"是心理相关谬误的一种,此外还有"诉诸强力"、"诉诸人身"、"诉诸无知"、"诉诸权威"等各种形式。

心理相关谬误,凭借论据与论题在心理上的相关,是诉诸心理、以心理为据的无效论证。这种无效论证,因违反充足理由律,犯"推不出"的逻辑错误。

实际上,众人对某一论题的看法,与这一论题是否正确之间,并没有必然联系。众人对某一论题的看法,是人的心理态度。而某一论题正确,是指它符合实际。正确的论证,应该引用充分的事实或理论论据,运用有效的推论形式,抽引出该论题。

黑格尔说,常识是一个时代的思维方式,"其中包含着这个时代的一切偏见"。在哥白尼以前,众人都认为太阳与其他行星围绕着地球旋转,但这是不符合事实的谬见。

一种意见如果为众人所认可,会对其他人产生一种心理上的影响,即认为"既然这种意见为众人所认可,可见它是正确的"。但这正是"诉诸众人"谬误的错误逻辑。盲目从众心理,是诉诸众人谬误产生的认识论根源。

4. 大谎言

"诉诸众人"谬误的变种,是"大谎言",即捏造弥天大谎,不断重复传播,骗取人们相信。其信条是"重复即真理","谎言重复 1000 次就变成真理"。

法轮功头目李洪志的言论,到处充斥着"大谎言"的谬误。如自称释迦牟尼转世,"八岁得上乘大法,具大神通,有搬运、定物、思维控制、隐身等功能","能"功到病除","三巴掌治好罗锅病","抓了两下,一个老太太的两个瘤子就没有了"。胡说"末世即将来临",他能定"地球爆炸的时间",能"度人去天国","把整个人类超度到光明世界中"。

八、谬误的避免

"离离原上草,一岁一枯荣。野火烧不尽,春风吹又生。"这里借用唐白居易的诗句,形容谬误可避免的相对性和不可避免的绝对性。

"离离原上草,一岁一枯荣":可避免的相对性。谬误与诡辩,在一定条件下有可避免性。自觉遵守逻辑,勤于实践、调查和研究,树立科学和理性精神,掌握科学知识和方法,有助于在一定程度上避免谬误和诡辩。

分析各种谬误和诡辩,有助于建构有效论证,避免似是而非的论证。

亚里士多德在《辨谬篇》说:"在某个特殊领域里有知识的人,其职责就是避免在自己的知识范围内进行荒谬的论证,并能够向进行错误论证的人指出错误所在。"①

"野火烧不尽,春风吹又生":不可避免的绝对性。在思维表达中,谬误和诡辩的产生,有客观必然性,一定程度的不可避免性。人类认识对象的复杂性、多样性,人类实践和认识的相对性、局限性,不同利益的需要,观点、方法的各异,是谬误和诡辩产生的温床。

真理和谬误同门,逻辑与诡辩为邻。真理和谬误相比较而存在,相斗争而发展。逻辑在诡辩刺激下产生和发展。任何人都不能声言,对谬误和诡辩,有天生豁免权,一生一世不会有丝毫谬误和诡辩。清醒地认识谬误不可避免的绝对性,有助于自觉克服和战胜谬误和诡辩。

一把钥匙开一把锁。对不同种类的谬误和诡辩,有不同的克服方法。对论据不足的谬误和诡辩,应注意提供充分支持论题的事实和理论论据,避免无稽之谈、强词夺理。对与心理相关的谬误和诡辩,应注意用事实和理论论据,逻辑地导出论题,避免心理因素的干扰。对语言歧义的谬误和诡辩,应注意握紧逻辑的方向盘,驾驭灵活多变的语言,避免歧义暧昧的迷障遮盖逻辑的慧眼。

诗咏"奇词怪说:谬误诡辩":

> 六里不是六百里,张仪诡辩真稀奇。
> 奇词怪说论纷纭,诡辩之中有真理。
> 名家所长正名实,苛察缴绕是其弊。
> 谬误诡辩可避免,学习逻辑善分析。

---

① 苗力田主编:《亚里士多德全集》第 1 卷,北京:中国人民大学出版社 1990 年版,第 552 页。

第六章 思维方术

第一节 刻舟求剑：与时俱进

一、因时而化

《吕氏春秋·察今》载：有一位楚国人，乘船过江，佩剑从船上掉到水里，就急忙在船上刻下记号，说："我的剑，就是从这里掉下去的。"船到岸，他就按照记号，下水找剑。船已行，剑并没有跟着船走。这样找剑，岂不愚蠢？

又载，楚国想偷袭宋国，派人在澭水岸边树立标记，表示可以涉水的河段。后来澭水暴涨，楚国人不知道，仍按照以前树立的标记，在夜里偷渡，溺死 1000 多人，军队惊慌混乱，溃不成军，就像都市的房屋崩坏。以前树立标记时，可以涉河，现在水已暴涨，楚国人按过时的标记涉河，导致失败。①

《大取》说："昔者之虑也，非今日之虑也。"即过去思虑，不等于现在思虑。由昔到今，事物变化，思虑应随之变化，不然就会犯"刻舟求剑"、"循表夜涉"之类的错误。

《经下》第 134 条说："或过名也，说在实。"《经说下》解

---

① 《吕氏春秋·察今》：楚人有涉江者，其剑自舟中坠于水，遽契其舟曰："是吾剑之所从坠。"舟止，从其所契者入水求之。舟已行矣，而剑不行，求剑若此，不亦惑乎？荆人欲袭宋，使人先表澭水。澭水暴益，荆人弗知，循表而夜涉，溺死者千有余人，军惊而坏都舍。向其先表之时可导也，今水已变而益多矣，荆人尚犹循表而导之，此其所以败也。

LOGIC

释说："知是之非此也,又知是之不在此也,然而谓此南北,过而以已为然。始也谓此南方,故今也谓此南方。"

即名称依实际情况为转移。实际情况变化了,名称依旧,会犯错误。"过名":名称有过错。知道事物性质已经改变,空间位置已经改变,仍根据"过去怎样,现在还是怎样"的错误逻辑思考,必然陷于谬误。过去在赵都邯郸,说:"郑国在南方。"现在在楚都郢,不能还说"郑国在南方"。"过而以已为然":指过去已经怎样,就说现在还是怎样,这是《墨经》批评经验主义逻辑的惯用语,与墨家历史进化论的观念相悖。

《经说下》第111条论述"疑"(疑惑),说:"智与?以已为然也与?过也。"即真正地知道吗?还是单纯地以为过去已经怎样,就说现在还是怎样?这是"过"(以过去的事情为是非标准)的疑惑。知识是真和必然真,疑惑是或然真,知识和疑惑的模态断定程度不同。从过去如何,不能必然推出现在如何。

《韩非子·五蠹》载"守株待兔"的故事:宋国一位农夫,偶然遇见兔子撞死在树墩上,就放下农具,专候在树墩旁,希望能继续不断地拾到死兔。兔子没有再拾到,却被国人传为笑话。这都说明"过而以已为然"思维方法的错误。

二、古今异时

《经上》第45条说:"化,征易也。"变化就是特征、性质改变,即质变。《经下》第154条说:"尧之义也,声于今而处于古,而异时,说在所义二。"《经说下》解释说:"尧之义也,是声也于今,所义之实处于古。"

即古今异时,性质不同,今天事情比古代复杂,所以尧善治古,不能治今。古今情况不同,"尧是仁义的"的命题,有历史性、相对性。今天说"尧是仁义的",指谓的实际情况,处于古代。古今时代不同,古代"仁义",不同于现代"仁义"。概念、命题有历史性,其真实性依历史情况为转移。

《经下》第117条说:"察诸其所然、未然者,说在于是推之。"《经说下》解释说:"尧善治,自今察诸古也。自古察之今,则尧不能治也。"

即"尧善治"命题的真实性,相对于所说的时代。如果说的是尧时的古代,这个命题是对的。如果说的是现代,这个命题不对,而应以反命题"尧不能治"取代。"所然":过去和现在已发生的事。"未然":将来尚未发生的事。在审察已发生和未发生的事,可从"尧善治古,不能治今"命题,类推而知。依此类推,舜、禹、汤、文、武等古圣王,都是"善治古,不能治今"。这是历史进化的观念。

《耕往》载墨子说:"吾以为古之善者则述之,今之善者则作之,欲善之益多也。""述":继承。"作":创新。墨子主张在继承的基础上,与时俱进,积极创新。

诗咏"刻舟求剑:与时俱进":

> 刻舟求剑不知变,因时而化无过务。[①]
> 昔者之虑非今虑,以已为然如守株。
> 古今异时古非今,仁义概念今非古。
> 今之善者多创新,古之善者可称述。

第二节 望洋兴叹:整体观察

一、寓言故事

《庄子·秋水》说:秋天下雨,大河小河都灌满,流入黄河,河水宽阔满盈,两岸辨不清牛马。黄河之神"河伯"得意洋洋,以为天下的壮美,都在自己身上。河伯顺流东行到海,向东观察,不见大海的尽头。河伯旋转面目,望洋兴叹:"俗话说:'听到一百个道理,以为都没有自己的道理好。'这就是说我呀!过去曾听到,有人轻视孔子的学问和伯夷的义气,开始我不相信。现在看到你难以穷尽,要是不来到你门口,那就危险了,我将永远被懂得大道理的人耻笑。"

北海神"若"说:"不能同浅井的青蛙说海,因为它们受到居住地的限制。不能同夏天的虫说冰,因为它们受到季节的限制。不能同固执偏见的人说大道理,因为他们受到教养的限制。现在你从有岸的黄河来,看到大

---

① "无过务":《吕氏春秋·察今》语,意为不犯错误。过:过错。务:做事。

海,知道自己渺小,这就可以同你说大道理了。"①

"望洋兴叹"的寓言故事,比喻观察宽大的境界,领悟自身的不足,整体观察优于局部观察。"曲士":懂得局部道理的人。"曲":局部。"大方"、"大理":整体的道理。唐成玄英疏:"方,犹道也。"西晋司马彪注"大方",即"大道"。《庄子·则阳》说:"在物一曲,夫胡为于大方?""一曲"和"大方"对举,指部分和整体、局部和全局的对立。

《庄子·天下》说,诸子百家"得一察焉以自好",看到局部,自以为得到全面真理,是"一曲之士":"譬如耳、目、鼻、口,皆有所明,不能相通,犹百家众技也,皆有所长,时有所用。虽然,不该不遍,一曲之士也。"百家众技,像人的五官,各有自己的功能和作用,又都有各自的局限,不能随意妄称掌握全面真理。

墨家区分"体见"(局部观察)和"尽见"(全面观察),与庄子区分"一曲"和"大理"相通。《荀子·解蔽》说:"凡人之患,蔽于一曲,而暗于大理。"与庄子一致。

庄子借海神之口说:大海之水,广漠无边,是积无数小河流而成。大海与更大的天地相比,微不足道,就像小石、小木同大山相比。四海在天地之间,就像蚁穴在大泽。中国同世界相比,像一粒米在大仓。人类活动的地盘,同天地万物相比,像细毛与马体。从更大更整体的视野观察,就不至于夸大部分、局部的地位和作用。

《庄子·秋水》中载有一则"坎井之蛙"的寓言:浅井的青蛙,对东海大鳖说:"我多么快乐!跳到井外栏杆上,又到井壁窟窿里休息。进到水里,被水托付腋窝面颊。进到泥里,被泥埋没足背。回顾孑孓、螃蟹和蝌蚪,不能与我相比。独占一坑水,独享浅井之乐,妙不可言。你何不常来参观?"

东海大鳖,左脚还没有进去,右膝已经被拘紧,只好退回,把大海的情况告诉它:"千里远的距离,不能穷举它的宏大。千仞的高度,不能穷举它的深厚。大禹时,十年九涝,海水不见增加。商汤时,八年七旱,海水不见

---

① 《庄子·秋水》:秋水时至,百川灌河。泾流之大,两涘渚崖之间,不辨牛马,于是焉,河伯欣然自喜,以天下之美为尽在己。顺流而东行,至于北海。东面而视,不见水端。于是焉,河伯始旋其面目,望洋向若而叹曰:"野语有之曰:'闻道百,以为莫己若者。'我之谓也!且夫我尝闻少仲尼之闻,而轻伯夷之义者,始吾弗信。今我睹子之难穷也,吾非至于子之门,则殆矣。吾长见笑于大方之家。"北海若曰:"井蛙不可以语于海者,拘于虚也。夏虫不可以语于冰者,笃于时也。曲士不可以语于道者,束于教也。今尔出于崖涘,观于大海,乃知尔丑尔,将可与语大理矣。"

减少。不因时间长短,变化容量,不因旱涝,增减水量。这是东海的最大快乐。"浅井青蛙听了,惊奇发呆,失魂落魄,顿觉渺小。

公孙龙是战国中后期名家著名代表,以"合同异,离坚白"的论题和论证,"困百家之知,穷众口之辩"。《庄子·秋水》记载,魏公子魏牟曾批评公孙龙的诡辩,不足以认识整体的道理,像"用管窥天,用锥指地",不知天之宽阔高远,地之深厚广大。

"望洋兴叹"、"坎井之蛙"、"夏虫语冰"、"用管窥天"、"用锥指地"等寓言,比喻说明整体和局部观察两种思维方法的区别。庄子总结思维规律说:"自细视大者不尽。自大视细者不明。"单从局部看整体,不易看清整体的面貌。单从整体看局部,不易看清局部的细节。整体和局部观察结合,既见局部,又见整体,既见树木,又见森林,才能把握全面真理。这是思维方法论的重要见解。

二、两而勿偏

魏邯郸淳《笑林》载"鲁人执竿"的故事:鲁国有人拿长竿进城门,竖着拿,进不去,横着拿,进不去,想不出办法。一位老人说:"我虽不是圣人,但看见的事儿多。你怎么不从中间锯断,再进去。"鲁人按他说的办法,从中间锯断,进去了。[1] 鲁人和老人,都没有想到,长竿不从中间锯断,而是一头前,一头后,就进去了。这是思维方法片面性的典型。

《吕氏春秋·去宥》载"齐人夺金"的故事:齐人想得到金子,清早被衣戴帽,去卖金子的地方,看见别人拿着金子,夺了就跑。官吏捉拿他,把他捆绑起来,问他:"人都在,你为什么夺人家的金子?"齐人回答:"我没有看见人,只看见金子!"[2]这位齐人,钱迷心窍,利令智昏,只见金不见人,是思维方法片面性的又一典型。

《经说上》第85条说:"权者两而勿偏。"权,本指称锤,亦指秤、称量。《广雅·释器》:"锤谓之权。"《汉书·律历志上》,"权者","所以称物平施,知轻重也"。《孟子·梁惠王上》说:"权,然后知轻重。"《墨经》引申为

---

① 魏邯郸淳《笑林》:鲁有执长竿入城门者,初竖执之不可入,横执之亦不可入,计无所出。俄有老父至曰:"吾非圣人,但见事多矣,何不以锯中截而入?"遂依而截之。

② 《吕氏春秋·去宥》:齐人有欲得金者,清旦被衣冠往鬻金者之所,见人操金,攫而夺之。吏搏而束缚之,问曰:"人皆在焉,子攫人之金何故?"对吏曰:"殊不见人,徒见金耳!"

权衡、思考,主张权衡、思考要兼顾两面,不要只顾一面。"两而勿偏",是思维全面性的方法。

《墨经》用偏、体、特、或,表示部分,用兼、二、尽、俱,表示整体,认为观察、思考应经由片面、部分,达到全面、整体。《经上》第 83 条说:"见:体、尽。"《经说上》解释说:"特者体也,二者尽也。""见":观察。"体":部分、局部、片面。"尽":整体、全局、全面。《经上》第 2 条说:"体,分于兼也。"《经说上》解释说:"若二之一,尺之端也。"两个元素"1",构成一个集合"2"。无数点的集合,构成直线。

墨家区分部分和整体两种观察境界。"体见"是对事物部分的观察。"尽见"是对事物整体的观察。须仔细审查事物的各部分,作出由表及里、由此及彼的综合。《小取》说:"夫言多方、殊类、异故,则不可偏观也。"言辞有多方面的道理,不同的类别和理由,不能片面观察。

《大般涅槃经》卷三十二载"盲人摸象"的寓言:一群瞎子摸象,摸到象牙,说像萝卜。摸到耳朵,说像簸箕。摸到头,说像石头。摸到鼻子,说像棒槌。摸到脚,说像杵臼。摸到背,说像床。摸到肚子,说像瓮。摸到尾巴,说像绳。这是对大象的"体见",部分观察。清刘献廷《广阳杂记》卷四:"盲人摸象,仅得一支,以为全体。""盲人摸象"寓言,比喻以部分代表全体。

事物是多样性的统一,为追求真理,防止谬误,应提倡思维的全面性,防止片面性。列宁把全面性,作为辩证逻辑的首要原则,说:"辩证逻辑则要求我们更进一步。要真正地认识事物,就必须把握、研究它的一切方面、一切联系和'中介'。我们决不会完全地做到这一点,但是,全面性的要求可以使我们防止错误和防止僵化。"[①]《墨经》明确肯定思维全面性的原则。

三、利害相权

《大取》说:"利之中取大,害之中取小也。害之中取小也,非取害也,取利也。其所取者,人之所执也。遇盗人,而断指以免身,利也。其遇盗人,害也。"遇盗贼是坏事,不得已,与其身亡,不如采取灵活策略,断指保命,取

---

① 《列宁选集》第 4 卷,北京:人民出版社 1960 年版,第 453 页。

小害,免大祸,换个角度看,这不是取害,而是取利,是清醒理智的谋略。

衡量利害得失,轻重大小,决定取舍的方法,叫做"权"。"权"本身不等于"是",也不等于"非","权"是建立标准(正),用来衡量取舍。两利相权取其大,两害相权取其轻。害之中取轻,是取害,又是取利。如"断一指"和"丢性命",都是害,两害相权,取其轻,相比而言,"断一指"害小,"丢性命"害大。不得已,被迫受"断一指"的小害,而得"保性命"的大利。"取":选取,选择,采纳。"利之中取大",有未来性和主动争取性。"害之中取小",有现实性和被迫承受性。取舍哪种利害,需要全面权衡。

墨家从大量经验中,概括全面权衡的思维方法。《贵义》载墨子说:"商人之四方,市价倍蓰,虽有关梁之难,盗贼之危,必为之。"小国人民,遇大军压境,为最大限度保存自己,消灭敌人,有时需采取牺牲局部,保全整体的策略(如暂时撤退、转移、坚壁清野)。

四、敢和不敢

《经上》第20条说:"勇,志之所以敢也。"《经说上》解释说:"以其敢于是也命之,不以其不敢于彼也害之。"即勇是人的意志,敢于做某件事情,但有所敢,必有所不敢。敢于为整体利益牺牲局部,不敢为局部利益而损害整体。可以损己而利人,不可损人以利己。敢于上山搏虎,未必敢于下海捕鱼。同一人而兼有"敢"和"不敢"两种性质,才构成为"勇",这是"同异交得"的一例。墨家对"勇"的定义,把握概念的辩证性,兼顾"敢"和"不敢"两面,给人以深刻启迪。

五、能和不能

《经下》第106条说:"不能而不害,说在容(容貌,指耳目等器官)。"《经说下》解释说:"举重不举针,非力之任也。为握者之奇偶(独白为奇,指讲演。对谈为偶,指辩论),非智之任也。若耳、目。"

人的职任,只能专注于某项业务,而不能事事精通,样样会干。大力士力大如牛,能举千钧重,却不会举针绣花,因为举针绣花,不是大力士的职任。数学家善于精打细算,却不善于巧言争辩,因为巧言争辩,不是数学家的职任。耳的作用在于听,目的作用在于视。耳不能视,不妨碍听。目不能听,不妨碍视。人不能干某事,不妨害能干某事。"任"(职任)是"能"和

"不能"的对立统一、"同异交得",这是人才学的洞见。

六、全称和特称

表示整体和部分的命题形式,是全称和特称。《经上》第 43 条说:"尽,莫不然也。"《经说上》举例说:"俱止、动。""尽"、"俱"是全称量词。在一个论域中,没有不是如此的(并非有 S 不是 P),等值于全都如此(所有 S 是 P)。例如就一个整体而言,所有部分都停止,或所有部分都运动。

《小取》说:"或也者,不尽也。""或"是特称量词。它的定义是"不尽",即不是全部。《经说上》75 举例说,针对同一动物,甲说:"这是牛。"乙说:"这不是牛。"这两个命题的真值,是"不俱当,必或不当"。"不俱当"("不尽当",并非所有都恰当),等值于"或不当"(有的不恰当)。《经说上》第 98 条说:"以人之有不黑者也,止黑人。"用"有人不是黑的",驳倒"所有人是黑的"。用"有 S 不是 P",驳倒"所有 S 是 P"。公式如下:

$$SOP \rightarrow \neg SAP$$

读作:因为有 S 不是 P,所以,并非所有 S 是 P。《经说上》说:"尺与尺俱不尽,端与端俱尽,尺与端或尽或不尽。"这是《经上》第 68 条"撄,相得也"的几个例子,说到几种不同命题形式:

全称肯定命题:两个点相交,二者都完全重合。

全称否定命题:两根直线相交,二者都不完全重合。

特称肯定命题:有的是完全重合。

特称否定命题:有的不是完全重合。

运用全称和特称的命题形式,有助于准确表达事物整体和部分的区别。墨家列举几种直言命题(性质命题),正确理解其等值关系。

七、欧冶之巧

西汉刘安主编的《淮南子》一书对思维全面性原则的论述颇有价值。《淮南子·齐俗训》说:"得十利剑,不若得欧冶之巧。"得十把利剑,不如得铸剑技巧。有格言说:"好教师受人以真理,更好的教师受人以获得真理的方法。""受人以鱼,不如授人以渔(捕鱼方法)。"这都表示方法重要。

"点石成金"的神仙故事说,得到"点石成金"的金子,不如得到"点石成金"的指头。得金有时用完,得指能继续点金。明冯梦龙《警世通言·吕大郎还金完骨肉》:"愿得吕纯阳祖师点石为金这个手指头。"

《人间训》说:"见本而知末,观指而睹归,执一而应万,握要而治详,谓之术。"认为"心术",即思维的方法、技艺,是智慧的门径,成败的关键。认为心智有分析和综合的功能,可以掌握类推和预见的技巧。人所遭逢的祸福、利害、存亡和成败,无不与思维方法、技巧有关。同异、是非、真假的联系和区别,都属于心术,即思维方法。

《说山训》说:暴君夏桀有成功处,圣王唐尧有失败处。丑女嫫母有美丽处,美女西施有丑陋处。败亡之国的法律,有可取处。治世的风俗,有可非议处。只看牛身一方寸,不知其整体大于羊。纵观牛整体,才知牛比羊大。

《原道训》说:不能跟井里的鱼说大海,因为它拘泥于狭隘的环境。不能跟夏天的虫说冰雪,因为它受时令的限制。不能跟片面看问题的人说大道理,因为他受流俗和教养的束缚。这是提倡全面观察,反对片面观察。

《氾论训》说:众多河流,不同源泉,同归大海。诸子百家,不同专业,同归于治。片面看问题的人,为武者非文,为文者非武,文武之士互相轻视,只见眼皮下一小片,不知世界的广大。人向东看,不见西墙。向南看,不见北方。这是片面性的认识论根源,克服片面性,才能见整体。

《泰族训》提出用肯定和否定二者相结合的复合命题:"周公是忠臣,不是好弟弟";"商汤、武王是贤君,不是忠臣";"乐羊是良将,不是慈父"。肯定该肯定的一面,不肯定不该肯定的另一面;用不同命题形式的结合,表达事物的多样性和思维的全面性。

《保真训》说:"喻于一曲,而不通于万方之际也。"《谬称训》说:"察一曲者,不可与言化。审一时者,不可与言大。"《齐俗训》说:"愚者有所修(长处),智者有所不是。""故其见不远者,不可与语大。其智不闳(宏大)者,不可与论至(最深刻的道理)。"

《要略》篇主张认识由一隅到万方,从部分到整体,由片面到全面。事物的部分,叫"一曲"、"一隅";思维的片面性,叫"察一曲"、"喻一曲"、"偏一曲"和"守一隅"。固执片面认识的人,叫"曲士"。与片面性相反的,叫"万方",即全面的道理。

刘安认为各家学说,都有存在的价值,就像不同的乐器,发出不同声音,汇合成美妙的乐章。主张求是,即求真理,是探求宇宙整体的全面性道理。

九、别同异

《淮南子·原道训》说:"察能分白黑,视美丑。而智能别同异,明是非。"即观察能区分白黑、美丑,智慧能辨明同异、是非。从区分白黑、美丑,到辨明同异、是非,是由感性具体到理性抽象的过程。白黑、美丑,比同异、是非具体。同异、是非,比白黑、美丑抽象。从区分白黑、美丑,到辨明同异、是非,又是由理性抽象到理性具体的进展。白黑、美丑,是比同异、是非更外在、表面的抽象规定。同异、是非,是比白黑、美丑更内在、深层的具体规定。"同异":事物的相同本质和不同本质。"是非":认识的正误、真假。

《小取》说,"辩者将以明是非之分","明同异之处",辩学的功能、作用,包含"别同异,明是非"。晋鲁胜《墨辩注序》论中国逻辑范畴说:"同异生是非。""同异":事物本质的同一性和差别性。"是非":对事物同异性质判断的真假对错。

《淮南子》有把握思维具体性思想的萌芽。《人间训》说:事物的类别,经常呈现表面的相似性,似乎是那样,实际不是那样,不能根据表面现象判断,应仔细审察。并用归谬法证明,如果事物的内在本质和外表现象是直接合一(若合符节)的,人就不会被假象迷惑,犯错误。事物类别近似,实际不同类的情况很多,很难识别:有的像一类,实际不是一类;有的不像一类,实际是一类;有的像这样,实际不是这样;有的不像是这样,实际是这样。

《氾论训》说:事物的类似,使国君迷惑。疑惑难辨,使众人迷惑。狠毒的人类似智慧,实际没有智慧。愚昧的人类似仁惠,实际没有仁惠。刚直而愚的人类似勇敢,实际不是勇敢。假使人与人的区别,若宝玉和石头,美丽和丑恶一样明确,评论人就容易了。芎䓖和藁本、蛇床和麋芜相似,所以迷惑人。剑工迷惑普通的剑类似莫邪,只有欧冶能区别。玉工迷惑一般的玉石类似碧卢,只有猗顿不会看错。思维的任务,是分析不同事物的不同性质,认识特殊性、不同点,注意分辨表面相同、实质不同的事物。这是跟表面性有区别的思维具体性原则。

诗咏"望洋兴叹:整体观察":

> 河伯不作望洋叹,整体观察眼界宽。
> 坎井之蛙眼界小,就像用管看蓝天。
> 从大视小有不明,从小视大不尽然。
> 蔽于一曲片面性,两而勿偏整体观。

第三节　祸福相依:同异交得

一、塞翁失马

《淮南子·人间训》说:祸福转化,难以预料。有一人喜欢术数,家住边塞,马跑往塞外,人们为他惋惜,父亲说:"这何尝不是福呢?"过了几个月,他的马带了一匹胡人骏马回来,人们为他高兴,父亲说:"这何尝不是祸呢?"家有好马,儿子好骑,堕马摔断腿,人们为他惋惜,父亲说:"这何尝不是福呢?"过了一年,胡人入侵边塞,青壮年拉弓作战,边塞人死去十分之九,儿子却因腿跛,父子保全。福变为祸,祸变为福,变化无穷。[1]

"塞翁失马"的成语,比喻祸福相依,坏事变好事。《淮南子·人间训》说:"祸与福同门,利与害为邻。"清赵翼诗:"塞翁失马何足惜,先生奇遭在削籍。"清李汝珍《镜花缘》说:"处士有志未遂,甚为可惜,然塞翁失马,安知非福?"

北宋蔡京作宰相,贪吃鹌鹑,烹杀无数。一夜,蔡京梦见数千只鹌鹑,前来控诉。一只鹌鹑,上前致辞:

> 啄君一粒粟,为君羹内肉。
> 所杀知几多,下箸嫌不足。
> 不惜充君庖,生死如转轂。
> 劝君慎勿食,祸福相倚伏!

---

[1] 《淮南子·人间训》:夫祸福之转而相生,其变难见也。近塞上之人,有善术者。马无故亡而入胡,人皆吊之。其父曰:"此何遽不为福乎?"居数月,其马将胡骏马而归,人皆贺之。其父曰:"此何遽不能为祸乎?"家富良马,其子好骑,堕而折其髀,人皆吊之。其父曰:"此何遽不为福乎?"居一年,胡人大入塞,丁壮者引弦而战,近塞之人死者十九,此独以跛之故,父子相保。故福之为祸,祸之为福,化不可极,深不可测也。

蔡京惊吓,从此不敢吃鹌鹑。宋陈岩肖《庚溪诗话》记载这一故事,警告说:"观此,亦可为饕餮、而暴殄天物者之戒。"蔡京贪吃鹌鹑的故事,可作为有类似嗜好者的前车之鉴。元代纳新《河朔访古记》载,名医扁鹊庙,在河南汤阴县东南 20 里伏道村扁鹊墓侧,庙壁有刘昂题诗:

> 先生具正眼,毫厘窥肺腹。
> 谁知造物者,祸福相倚伏。

清朱彝尊《明诗综》卷二十四诗:

> 泰终否斯受,贲尽剥乃续。
> 日中渐西移,月盈竟东朒。
> 平久鲜无陂,往久靡不复。
> 乐极悲自来,进锐退恒速。
> 安弗持则危,满不损乃覆。
> 高位多疾颠,厚味每藏毒。
> 至盛当遭衰,苦寒必生燠。
> 万事无不然,祸福相倚伏。

表达万物都存在对立面,人生进退、安危、盛衰、祸福,无不互相依存和转化。宋王十朋《梅溪集》卷九诗:"否泰迭往来,祸福相依黏。"

二、转化机理

"祸福倚伏"的命题,源于《老子》第 58 章:

> 祸兮,福之所倚。
> 福兮,祸之所伏。
> 孰知其极?
> 其无正!

语译:

> 灾祸啊,幸福就靠在你身边。
> 幸福啊,灾祸就藏在你里面。
> 谁知道最后的机理?
> 并没有最高的主宰!

祸福的互相依存和转化,没有鬼神主宰,是事物内在的必然之理,是客观条件和人为努力综合作用的结果。

《韩非子·解老》从一般道理上解释、论证《老子》的命题。"解":解释,分析,说明道理,韩非的推论方式。《玉篇》:"解,释也。"《礼经解疏》:"解者,分析之名。"《博雅》:"解,说也。""解"是演绎推论,通过解释分析,说明事物的因果联系,论证《老子》的命题。韩非运用最多的"解"式推论,是假言联锁推理。这种推论形式,通过一系列因果联系的中间环节,揭示《老子》命题的义理。韩非子阐发"祸福互依伏"的机理说:

> 人有祸,则心畏恐。心畏恐,则行端直。行端直,则思虑熟。思虑熟,则得事理。行端直,则无祸害。无祸害,则尽天年。得事理,则必成功。尽天年,则全而寿。必成功,则富与贵。全寿富贵之谓福,而福本于有祸。故曰:祸兮福之所倚。人有福,则富贵至。富贵至,则衣食美。衣食美,则骄心生。骄心生,则行邪僻,而动弃理。行邪僻,则身死夭。动弃理,则无成功。夫内有死夭之难,而外无成功之名者,大祸也,而祸本生于有福。故曰:福兮祸之所伏。

推论式如下:

> 人有祸,则心畏恐。
> 心畏恐,则行端直。
> 行端直,则思虑熟。
> 思虑熟,则得事理。
> 得事理,则必成功。
> <u>必成功,则有福。</u>
> 人有祸,则有福。
>
> 人有福,则富贵至。
> 富贵至,则衣食美。
> 衣食美,则骄心生。
> 骄心生,则动弃理。
> 动弃理,则无成功。
> <u>无成功,则有祸。</u>
> 人有福,则有祸。

推论形式是：

> 如果 A 则 B。
> 如果 B 则 C。
> 如果 C 则 D。
> 如果 D 则 E。
> 如果 E 则 F。
> 如果 A 则 F。

这是假言联锁式的演绎推论。

三、同异交得

《经上》第 89 条说："同异交得仿有无。"《经说上》解释说："于富家良知,有无也。比度,多少也。蛇蚓旋圆,去就也。鸟折用桐,坚柔也。剑犹甲,死生也。处室子、子母,长少也。两色交胜,白黑也。中央,旁也。论行、行行、学实,是非也。鸡宿,成未也。兄弟,俱适也。身处志往,存亡也。霍,为姓故也。价宜,贵贱也。"即同一性和差异性互相渗透和同时把握的方法,从分析"有无"等实例中得知。实例如下:

一人家中富有,却缺乏优良的知识素养。或一贫如洗,却具有优良的知识素养。这是"有无"两种对立性质共存于一人之身。

一数跟不同的数比较度量,既多又少。如齐比宋、鲁大,比楚、越小,是既多又少。古希腊智者普罗泰戈拉(公元前 481—前 411)以传授辩论术为业,他说:"这里有 6 颗骰子,我们在旁边再放上另外 4 个,我们会说原来的骰子比后放的要多些;如果在旁边放上 12 个,我们便会说,原来的 6 个是少些。"[1]

蛇和蚯蚓的运动方式,可以既去(离开)且就(接近)。鸟折用梧桐树枝筑窝,树枝既坚且柔:不坚不足以承重;不柔不利于交织。剑的作用,在消灭敌人。甲的作用,在保存自己。消灭敌人,才能保存自己。剑有类似甲的作用:致敌"死",以保己"生",是"死生"对立性质,共存于一剑之身。

一位妇女,比女儿长一辈,比妈妈少一辈,是"长少"两种对立性质,共处于一人之身。一物颜色,比另一物白,比第三物黑,是"黑白"两种对立性

---

① 黑格尔:《哲学史讲演录》第 2 卷,北京:三联书店 1957 年版,第 29 页。

质,共存于一物之身。一个区域的"中央",是另一个区域的"旁"边。一个圆的圆心,是另一圆的圆周,是"中央"和"旁"两种对立性质,共存于一空间点。

言论和行动,行动和行动,学问和实际,有是又有非。"自以为是"者的错误,在于没有同时"自以为非"。母鸡孵雏,雏鸡即将出壳,又未出壳时,是"成"和"未成"的对立统一。兄弟三人中的老二,说是"兄"或"弟"都合适,是"兄弟"两种对立性质,共存于一人之身。

一人身体处在这里,思想(志)却跑往别处,是"存亡"两种对立性质,共存于一人之身。《孟子·告子上》载,某人向奕秋学下棋,他的心却想跑出,用弓箭射天鹅。《吕氏春秋·审为》、《庄子·让王》说:"身在江海之上,心居乎魏阙之下。"《封神演义》第8回:"身在林泉,心悬魏阙。"《儒林外史》第11回:"身在江湖,心悬魏阙。"鲁迅《书信集·致姚克》:"身在江湖,心存魏阙。"

古代繁体"霍"字,既指鹤,也指姓。说"霍",不知指鹤,还是指人。这是由于称呼鹤的字,兼用作姓氏的缘故。一词多义,是对立统一的例子。合适的价格,对买者够"贵",对卖者够"贱",是"贵贱"两种对立性质,共存于一价格之身。

"同异交得",即同异兼得,同一性和差异性互相渗透和同时把握。墨子说:"兼相爱、交相利。""兼":兼顾、兼有、合取。"交":交互、交错、交叉、渗透。"得":得到、占有、把握。墨家从大量日常生活实例,总结"同异交得"的思维方法。根据《墨经》列举的实例,"同异交得",即相异、对立的性质,共处于同一事物之身,或任一事物分裂为两种相异、对立的性质。这是对立统一规律的别名。

《墨经》论证论题,常用举例证明方式,大多举一、两个实例。这里为了证明"同异交得"论题的真实性,列举10多个实例。为方便记忆,《经上》以"同异交得仿有无"7字概括。"仿"原作"放",是"仿"(模仿、例如)的假借字。《法仪》篇"放依以从事"之"放",是"仿"的假借字,意为仿照着做事。"仿"可以翻译为"例如",即"有无"是"同异交得"的典型案例,仿照"有无",还有许多类似案例。这里所用的证明方法,是典型分析式的科学归纳法。

《经下》第183条说:"是是之'是'与是不是之'是'同,说在不殊"。

《经说下》解释说："是不是，则是且是焉。今是久于是，而不于是，故是不久。是不久，则是而亦久焉。今是不久于是，而久于是，故是久与是不久同说也。"

即有如下两种情况：第一种情况是，现在是"是"，将来还是"是"；第二种情况是，现在是"是"，将来变成"不是"。在这两种情况下，就现在都是"是"这一点，是相同的，论证的理由在于，在这两种情况下，现在都是"是"这一点，没有什么差别。

现在是"是"，将来变成"不是"，但就现在来说，这个"是"仍然是"是"。现在这个"是"，维持其为"是"，已经很久了，于是不再是"是"，而变成"不是"，所以现在这个"是"，又有其"不久"的一面。现在这个"是"，虽然有其"不久"的一面，但就现在来说，这个"是"，仍有其相对长久的一面。现在这个"是"，不能长久地维持其为"是"，但是又在一定限度内，长久地维持了这个"是"。所以说：现在这个"是"是长久的。又说：现在这个"是"不是长久的。这两种相反的说法，同样成立。

《庄子·寓言》说："孔子行年六十而六十化，始时所是，卒而非之，未知今之所谓是之非五十九非也。"唐成玄英疏："是以去年之是，于今非矣。故知今年之是，还是去岁之非。今岁之非，即是来年之是。"庄子认为是非既然随时而变，所以是非"未可定"（《至乐》），是非"无辨"（《齐物论》）。《墨经》认为事物随时间而变化，而在一定历史阶段，又有其确定性，坚持事物、概念确定性和灵活性的统一，这在《墨经》叫做"同异交得"，"久是不久"，是"同异交得"的另一个实例。

四、既坚又白

在战国时期，坚白之辩与同异之辩齐名。二者在先秦著作中常常并提，见于《庄子·秋水》和《荀子·修身》、《儒效》、《礼论》等。公孙龙子用诡辩方法，论证"坚白相离"。《墨经》用"同异交得"方法，论证"坚白相盈"，驳斥公孙龙子的诡辩。

《墨经》认为，坚、白这两种相异的性质，在同一块石头中是互相渗透、包涵和联系着的,而不是互相排斥、分离和割裂的。① 这是"同异交得"的又一典型事例。《大取》用打碎一块石头的方法证明:"苟是石也白,败是石也,尽与白同。"白是如此,坚可类推。把一块坚白石打碎,每一小块都兼有坚、白两种性质。公孙龙子"坚白相离"的奇词怪说,不符合实际情况。

诗咏"祸福相依:同异交得":

福祸同门利害邻,幸福灾祸相依伏。

矛盾转化例千万,塞翁失马祸转福。

既坚又白石中藏,久暂相因成万物。

对立统一有别名,同异交得仿有无。

第四节　大巧若拙:正言若反

"正言若反"的含义,是"似非而是",正言像反言,真理像谬误,思想内容是真理,表达方式像谬误。与老子"正言若反"对应的西方术语,英文 paradox,拉丁文 paradoxum,希腊文 paradoxos,意即与通常见解对立、违反常识、超脱尘俗、"似非而是"的论点,译为"反论"、"异论"、"佯谬"、"悖论"等。术语的另一意义,是"自相矛盾的议论"、"谬论"。

1. 老子论正言若反

《鲁问》载,鲁班用竹木,做成喜鹊,使之飞上天。鲁班自以为最巧,墨子对鲁班说:"你做会飞的喜鹊,不如我做车辖(车轴制动关键),一会儿砍削三寸木头,能承重数百斤。所谓功效,有利于老百姓生活叫做巧,不利于老百姓生活叫做拙。"

墨子对巧拙的定义,贯穿以老百姓的利益为标准的价值观。在工匠技艺上,鲁班巧于墨子。在把工匠技艺,上升为科学和理论上,鲁班拙于墨子。而老子,则对巧拙辩证机理的思索,有独特的表达方式。

《老子》第 45 章说:"大巧若拙。"即最灵巧好似笨拙。魏王弼《老子道

---

① 《经上》第 67 条:"坚白,不相外也。"《经说上》:"于石无所住而不得二(坚白)。异处不相盈,相非是相外也。"《经上》第 66 条:"盈,莫不有也。"《经说下》第 116 条说:"抚坚得白,必相盈也。"《经下》第 138 条说:"于一有知焉,有不知焉,说在存。"《经下》:"石,一也。坚白,二也,而在石。故有知焉,有不知焉,可。"《经下》第 105 条:"不可偏去而二,说在见与不见、俱一与二、广与修。"《经说下》:"见、不见离;一、二不相盈;广修、坚白相盈。"《经上》第 68 条:"撄,相得也。"《经说上》:"坚白之撄相尽。"

德经注》说："大巧因自然以成器,不造为异端,故若拙也。"宋苏辙《老子解》说："巧而不拙,其巧必劳。付物自然,虽拙而巧。"清张尔岐《老子说略》说："知之大巧者,行所无事,不为雕琢,故若拙。"宋葛长庚《道德宝章》"大巧若拙"注说："无为。"意思是,最大的"巧",依据自然规律,制成器物,不附加人为的雕琢。

墨子主张工艺制作,遵守自然规律。《法仪》说："百工从事者,亦皆有法:百工为方以矩,为圆以规,直以绳,正以悬,无巧工不巧工,皆以此四者为法,巧者能中之,不巧者虽不能中,放依以从事,犹逾已,故百工从事,皆有法度。"

《经上》第71条说"法,所若而然也。《经说上》说："意、规、圆三也,俱可以为法。"法则(规律)是人们遵循着它,而能得一确定结果的东西。人按照圆的定义、使用圆规或者拿一个圆形来模仿,都可以作为制圆的法则。"法"是标准、方法,引申为法则,规律。"若"是遵循,依照。《广雅·释言》:"若,顺也。"《释名·释言语》:"顺,循也。""然":结果,制成品。"意":意念,概念,判断。《经上》第71条说:"循,所然也。"《经说上》解释说:"然也者,民若法也。"遵循规律办事,是人的行动能取得预期结果的原因。"循":遵循。《说文》:"循,顺行也。"

同一律的公式,是"A 是 A"。如果断定:"A 是 A,又是非 A",或者:"A 是非 A",则构成自相矛盾,违反矛盾律。

"大巧若拙"的命题形式是:"某种特定的 A,是非 A"。"某种特定的 A",即"大巧"(最巧)。"非 A"即"拙"。

"巧"和"拙",是对立的概念。按照同一律,巧是巧,拙是拙,巧不是拙,拙不是巧。巧和拙,是不同的概念,需要分别定义,有不同的内涵和外延。

巧是技巧、技艺。《说文》:"巧,技也。"《广韵》:"巧,能也,善也。"《韵会》:"巧,机巧也。"《周礼·冬官·考工记》:"工有巧。"《增韵》:"巧,拙之反。"《韵会》:"巧,黠慧也。"《孟子·离娄上》:"公输子之巧。"《荀子·荣辱》:"百工以巧尽械器。"拙是笨拙,与"巧"相对。

老子"大巧若拙"命题的意义,不是表达同一律,不是说"巧是巧,拙是拙,巧不是拙,拙不是巧"的意思,是说有一种特定的"巧",即"大巧"(最巧),它"若拙",即像"拙"。这是把对立概念"巧"和"拙",附予特定的语义,用肯定语气,构造肯定命题。

中国语言,特别是古汉语,常省略肯定联项。断定"大巧"和"拙"的对立概念,有某种具体的同一性。"某种特定的 A,是非 A",或"大 A,若非 A",词项"大 A"、"非 A"和整个命题,都有具体的意义,特定的内涵,与同一律"A 是 A"和"巧是巧,拙是拙,巧不是拙,拙不是巧"的意义,不构成矛盾,二者是运用不同的逻辑方法,从不同角度思考的结果。

"大巧若拙"是典型案例,"正言若反"是一般概括。"大巧"是"正言","若拙"是"若反(言)"。《说文》:"正,是也。"从一、止或一、足会意,原为用足一直前进,引申为正面或肯定。矛盾一方为"正",对方为"反"。"正"为肯定,"反"为否定。"言",即言词。"正言若反(言)"式的命题,主、谓项是对立概念。"正言若反(言)":正面、肯定的言词,好像反面、否定的言词。汉刘熙《释名·释言语》:"巧,考也,考合异类,共成一体也。"

老子"大巧若拙"这一类"正言若反"式的命题,反映事物本性内在的对立统一,是巧妙的思维表达艺术。"大巧若拙"命题的上下文,还有如下陈述:

大成若缺(最成功好似欠缺)。

大盈若冲(最充实好似空虚)。

大直若屈(最正直好似枉屈)。

大辩若讷(最高超的辩论好似不会说话,以上第 45 章)。

明道若昧(明显的大道好似黯昧)。

进道若退(前进的大道好似后退)。

夷道若纇(平坦的大道好似崎岖)。

上德若谷(崇高的大德好似山谷)。

大白若辱(最光彩好似卑辱)。

广德若不足(宽宏的大德好似不足)。

建德若偷(刚健的大德好似怠惰)。

质真若渝(质朴真纯好似不能坚持)。

大方无隅(最方正好似没有棱角)。

大器晚成(最贵重的器物最后才制成)。

大音希声(最伟大的声音好似稀薄)。

大象无形(最伟大的形象好似无形:以上第 41 章)。

这一类命题,是"大巧若拙"的语境。这些"正言若反"式的命题,表达"理性在他物中认识到此物,认识到在此物中包含着此物的对方"。①

《老子》第 36 章说:

> 将欲歙之,必固张之(将要收缩它,必须先扩张它)。
> 将欲弱之,必固强之(将要削弱它,必须先增强它)。
> 将欲废之,必固兴之(将要废弃它,必须先兴盛它)。
> 将欲夺之,必固与之(将要夺取它,必须先给予它)。

这些命题,表达目的和手段的对立统一。

明焦竑《老子翼》分析说:"将欲云者,将然之辞也。必固云者,已然之辞也。造化有消息盈虚之运,人事有吉凶倚伏之理,故物之将欲如彼者,必其已尝如此者也。将然者虽未形,已然者则可见。能据其已然,而逆睹其将然,则虽若幽隐,而实至明白矣。"

这里"将欲云者,将然之辞也",即上文"将欲歙之"、"将欲弱之"、"将欲废之"和"将欲夺之",是主体的预期目的,用将来时的时间模态命题"我将要如何"表示。

"必固云者,已然之辞也",即上文"必固张之"、"必固强之"、"必固兴之"和"必固与之",是主体采用的手段,用现在时的时间模态命题"我现在如何"表示。

"将然者虽未形",即目的是尚未实现的可能性。"已然者则可见",即手段是可感知的现实性。"能据其已然,而逆睹其将然",即以所采取的现实手段为论据,推论未来将实现的目标。

《老子》第 22、78 章又说:

> 曲则全(委曲反能保全)。
> 枉则直(屈枉反能伸直)。
> 敝则新(敝旧反能新奇)。
> 少则得(少反有所得)。
> 多则惑(多反而迷惑)。

---

① 黑格尔:《哲学史讲演录》第 1 卷,北京:三联书店 1956 年版,第 300 页。

LOGIC

不自见故明(不专靠眼睛才看得分明)。

不自是故彰(不自以为是才是非昭彰)。

不自伐故有功(不自己夸耀才有功劳)。

不自矜故长(不自高自大才能率领：以上第22章)。

天下莫柔弱于水，而攻坚强者莫之能胜(天下没有比水更柔弱的，而攻击坚强的力量，没有能胜过它的)。

受国之垢是谓社稷主(承担全国的屈辱才算社稷主导)。

受国不祥是为天下王(承担全国的灾殃才算天下王者)。

正言若反(正面、肯定的言词，好像是反面、否定的言词：以上第78章)。

以上有一部分命题，用"则"、"故"、"是谓(是为)"等联结词，表达因果或条件和结果的关系。这些联结词前面的支命题，表达事物的一种性质、状态、原因或条件，联结词后面的支命题，表达前者引起的结果，整个命题表达条件和结果的对立统一。

命题"天下莫柔弱于水，而攻坚强者莫之能胜"，用转折联词"而"，其前的支命题，表达水的表面现象"柔弱"，但"柔弱"现象背后，蕴藏着"攻击坚强，不可战胜"的本质，是现象和本质的对立统一。

老子"正言若反"的概括，以概念的辩证理解为前提。老子做过周朝守藏室史官(相当于国家图书馆长)，通晓古代文化，后隐居乡村，熟悉民情、民意和民间文化。上述"明道若昧"至"大象无形"等10余个命题，《老子》说是"建言有之"。"建言"，奚侗《老子集解》说"当是古载籍名"；任继愈《老子新译》说是古谚语、歌谣。

2. 庄子的正言若反

唐陆德明《经典释文》卷一说，庄子"辞趣华深，正言若反"。庄子运用"正言若反"的表达方式，联结对立概念，构成违反常识的悖论式命题，表达事物的对立统一：

以众小不胜为大胜 《秋水》说，风"蓬蓬然起于北海，而入于南海也"，用手指挡风，风不能折断指，指却能胜过风。用足踏风，风不能折断足，足却能胜过风。然而风却能折断大树，掀翻大屋。这是"以众小不胜为大胜"，表达事物局部和整体的对立统一。从局部说是"小不胜"，从整体说是"大胜"。

君子之交淡如水 《山木》说,君子交情出于志同道合,在物质利益上淡薄如水,但却由于淡薄如水,而致于亲密无间。小人交情出于物质利益,由于"利不可常",竟致决裂断绝。这是交友之道的表达。

无为而无不为 《至乐》论证说,天地在没有人为干预的情况下,按照自然规律创生万物,是无为而无不为。

至乐无乐,至誉无誉 你认为"至乐",换一角度看,是"不乐";你认为"至誉",换一角度看,是"无誉"。乐极生悲,物极必反。用不正当手段获取美誉,最不名誉。

《山木》说:"合则离,成则毁,廉则挫,尊则议,有为则亏,贤则谋,不肖则欺。"唐成玄英疏说:"合则离之,成者必毁,清廉则被挫伤,尊贵者又遭议疑。""廉则伤物,物不堪化,则反挫也。自尊贱物,物不堪辱,反有议疑也。亏,损也。有为则损也。贤以志高,为人所谋。"清郭嵩焘注说:"廉则挫,峣峣者易缺。尊则议,位极者高危。有为则亏,非俊疑杰,固庸(常)态也。"这些"正言若反"式的表达,包含深刻智慧和哲理。

3. 黑格尔论正言若反

黑格尔说:"如果事物行动到了极端总要转化到它的反面。这种辩证法在流行的谚语里,也得到多方面的承认。譬如谚语 Summum jus Summa injuria(至公正即至不公正),意思是说抽象的公正如果坚持到它的极端,就会转化为不公正。

同样,在政治生活里,人人都熟知,极端的无政府主义与极端的专制主义是可以相互转化的。在道德意识内,特别在个人修养方面,对于这种辩证法的认识表现在许多著名的谚语里:如'太骄则折'、'太锐则缺'等等。

辩证法也体现在人的感情方面、生理方面以及心灵方面。最熟知的例子,如极端的痛苦与极端的快乐,可以互相过渡。心情充满快乐,会喜得流出泪来。最深刻的忧愁常借一种苦笑以显示出来。"①黑格尔的举例,同庄子的命题义近。

4. 儒者论正言若反

《论语·泰伯》说:"有若无,实若虚。"唐吴兢《贞观政要》卷六说,贞观

---

① 黑格尔:《小逻辑》,北京:商务印书馆1980年版,第180页。

3 年(公元前 629 年)唐太宗李世民问经学家孔颖达(公元前 574—前 648)《论语·泰伯》"有若无,实若虚"是什么意思?孔颖达回答:"圣人设教,欲人谦光,己虽有能,不自矜大,仍就不能之人求访能事。己之才艺虽多,犹病以为少,仍就寡少之人更求所益。己之虽有,其状若无;己之虽实,其容若虚。"这是儒者的"正言若反"。

《荀子·天论》说:"故大巧在所不为,大智在所不虑。"唐杨倞注:"大巧在所不为,如天地之成万物,若偏有所为,则其巧小矣。大智在所不虑,如圣人无为而治也。若偏有所虑,则其智窄矣。"《荣辱》说:"斩而齐,枉而顺,不同而一:夫是之谓人伦。"不齐而齐,不顺而顺,不同而同,这叫做人事伦理。

"正言若反"的思维表达方式,像是谬误,但思想内容,确是真理。这是故意使用似乎谬误的形式,表达科学真理。其语言效果,妙趣横生,令人惊异,为之一振;哲学意味,精警隽永,发人深省,引人深思。这是中华先哲思维表达艺术的极致。

诗咏"大巧若拙:正言若反":

> 因任自然成大巧,无为而治像是拙。
> 正面说话像是反,辩证表达巧思索。
> 正言若反成公式,中外先哲竟为说。
> 老子睿智善总结,妙语连珠万古学。

后 记

刘培育教授主编《逻辑时空》丛书,邀我写作本书,商定书名、内容和写作方法。刘教授多次审读书稿,提出修改意见。丛书策划杨书澜女士和北京大学出版社,把本书列入出版计划。责任编辑闵艳芸女士细致编审,切磋琢磨,多有改进。谨向刘培育教授,杨书澜和闵艳芸女士,致以深切谢意。

孙中原

2006 年 12 月

中国人民大学哲学院